Liebel | Kreutz

Orchideenführer Murnauer Moos

In Gedenken an Ruth Rosner

(1930 – 2021)

Heiko Liebel | Karel Kreutz

Orchideenführer
Murnauer Moos

Streifzüge durch ein Naturparadies

Quelle & Meyer Verlag Wiebelsheim

Dr. Heiko Liebel
Nedre Kleiva 8
3720 Skien, Norwegen
heiko.liebel@gmail.com

Karel (C.A.J.) Kreutz
De Laathof 18
6265 BJ Sint Geertruid, Niederlande
karel.kreutz@naturalis.nl

Bibliografische Information der Deutschen Nationalbibliothek
Die Deutsche Nationalbibliothek verzeichnet diese Publikation in der Deutschen Nationalbibliografie; detaillierte bibliografische Daten sind im Internet über http://dnb.d-nb.de abrufbar.

Umschlagabbildungen: Alle Bilder von Heiko Liebel

Druck und Verarbeitung: Belvédère Print & Packaging b.v.
Printed in Europe/Imprimé en Europe

ISBN 978-3-494-01890-4

Inhaltsverzeichnis

Vorwort

Was es doch für eine Artenvielfalt im Murnauer Moos gibt! Hier sind fast Tausend Pflanzenarten und Tausende Tierarten seit dem Beginn der Erforschung durch Pioniere wie AUGUST MAX EINSELE (1803-1870) oder ALFRED ADE (1876-1968) nachgewiesen worden. Die Landschaft ist abwechslungsreich wie in kaum einem anderen Gebiet Deutschlands. Das größte lebende Moor Mitteleuropas besteht nicht nur aus allerlei verschiedenen Moortypen, sondern vielmehr auch aus Au- und Bruchwäldern, Naturwäldern auf Gesteinsinseln, die aus dem Moor herausragen, und Magerrasen auf eiszeitlichen Schotterablagerungen. Die verschiedenen Lebensräume präsentieren sich vor einer spektakulären Alpenkulisse. Die Orchideen machen somit nur einen kleinen aber sicher besonders liebreizenden Teil der Artenvielfalt im Murnauer Moos aus.

Dieser kleine Orchideenführer soll die Begeisterung für unsere heimische Orchideenvielfalt im Murnauer Moos wecken. Sobald man in die wunderbare Welt der Orchideen eingetaucht ist, wird auch der Wunsch aufkommen, diese

Vielfalt für die Zukunft zu erhalten. Schon durch ihre Schönheit sind sie bedroht. Immer wieder passiert es, dass Fotografen nicht-blühende Individuen im Umfeld des einen besonders fotogenen Individuums zerstören. Orchideen werden sogar für Blumensträuße gesammelt oder für den eigenen Garten ausgegraben. Fast alle im Murnauer Moos vorkommenden Arten lassen sich aber nicht erfolgreich verpflanzen, weil sie mit ausgewählten Pilzpartnern zusammenleben und von ihnen abhängen. Darum ist es wichtig, die Orchideen an Ort und Stelle zu bewundern, ohne sie in irgendeiner Form zu schädigen oder gar zu zerstören! Einige Arten sollten sogar überhaupt nicht aufgesucht werden, weil dadurch Trittschäden, zum Beispiel im Hochmoor, entstehen würden (z. B. Sumpf-Weichwurz).

Unser Orchideenführer stellt alle jemals im Murnauer Moos nachgewiesenen Orchideenarten vor: 38 Arten! Neben der reinen Beschreibung weisen wir zusätzlich auf spannende Anpassungen und Besonderheiten der Arten hin.

Schließlich werden Routenvorschläge für Orchideenwanderungen gemacht, auf denen vom Weg aus eine möglichst große Anzahl verschiedener Orchideenarten im Murnauer Moos bewundert werden kann. Die Blütezeit der Orchideen fällt genau mit der Brutzeit deutschlandweit sehr seltener und hochgradig bedrohter Vogelarten, wie dem Wachtelkönig, dem Braunkehlchen oder dem Großen Brachvogel, zusammen. Viele Arten lassen sich langfristig nur erhalten, wenn Störungen abseits der öffentlichen Wege vermieden werden. Daher bitten wir Sie, auf den Wegen zu bleiben.

Nun wünschen wir Ihnen, dass Sie sich von den Orchideen und der Vielfalt des Murnauer Mooses begeistern lassen und aktiv mithelfen, die Orchideen für die Zukunft zu bewahren!

Viel Freude wünschen Ihnen
Heiko Liebel und Karel Kreutz

Blick ins Moos vom Moosrundweg bei Moosrain. Ungedüngte, extensiv genutzte Wiesen (Bildmitte) sind im Winterhalbjahr braun und im Sommer orchideenreich. Im Winter grüne Wiesen (Vordergrund) sind zu stark gedüngt für Wiesenorchideen.

Faszination Orchidee

Orchideen zählen zu den schönsten, oft seltensten und faszinierendsten Pflanzen der Welt. Wohl keine zweite Pflanzenfamilie genießt eine so schwärmerische Beachtung bei Floristen und Liebhaberbotanikern wie die Orchideen, die Edelsteine unter den Pflanzen. Bizarre Blütenformen, außergewöhnliche Farbnuancen und seidiges oder samtartiges Aussehen verleihen vielen Arten märchenhafte Schönheit. Da Orchideen eine relativ junge Pflanzenfamilie sind, deren Entwicklung noch immer nicht abgeschlossen ist, weisen die Pflanzen eine sehr hohe Variabilität auf und es werden viele Arten, Unterarten, Varietäten und Formen unterschieden. Zudem bilden sie sehr häufig Hybriden miteinander.

Weltweit sind je nach Klassifikation etwa 20.000 bis 35.000 Arten benannt. Mit Ausnahme der Antarktis kommen sie in allen Ländern der Welt vor und wachsen in den unterschiedlichsten Biotopen. Die meisten Arten sind in den Tropen zu finden. In Europa und angrenzenden Ländern wachsen je nach Artbegriff etwa 800 Arten, die meisten davon im Mittelmeerraum. Die nördlichsten Standorte liegen auf Island und im nördlichen Skandinavien.

Orchideen gehören zu den am stärksten gefährdeten Pflanzen Europas. Viele Arten sind selten, einige sogar vom Aussterben bedroht, ein weiterer Grund, von vielen bewundert und untersucht zu werden. Besonders in den letzten Jahrzehnten finden Orchideen zunehmendes Interesse. Sie sind bekanntlich nicht nur die am besten untersuchte Familie des Pflanzenreiches, sie haben

Viele Orchideen benötigen ungedüngte, spät gemähte Wiesen. Dieser bunte Lebensraum ist in Mitteleuropa sehr selten geworden.

auch seit jeher im Naturschutz einen hohen Stellenwert, denn sie sind gute Indikatoren für den Zustand ihrer Standorte, wie zum Beispiel Wälder, Gebüsche, Magerrasen, Heiden, Wiesen, Sümpfe und Moore. Besonders aber faszinieren uns immer wieder die Schönheit und Vielfalt der Orchideen sowie ihre interessanten Keimungs- und Bestäubungsmechanismen. Folglich erscheinen speziell über diese Pflanzenfamilie in zunehmendem Maße Artikel und Bücher.

Orchideen wachsen in fast allen Biotopen und kommen in den unterschiedlichsten Formen und Farben vor. Tropische Orchideen heften ihre Wurzeln oft an Bäume (Epiphyten), die europäischen Arten sind direkt vom Boden (Geophyten) abhängig. Wie die (sub-)tropischen Arten sind die einheimischen Orchideen wunderschöne Pflanzen, obwohl ihre Blüten oft viel kleiner sind.

Biologie der Orchideen

Alle heimischen Orchideen sind ausdauernde Erdpflanzen (Geophyten). Sie besitzen Rhizome oder Knollen für die Speicherung von Reservestoffen. So haben zum Beispiel die Arten der Knabenkrautgattungen *Dactylorhiza* und *Orchis* Knollen, die aus der Gattung der Ständelwurze (*Epipactis*) Rhizome. Die Knollen, die von verschiedener Größe und Form sind, werden während der Vegetationszeit angelegt. Aus jeder von ihnen entwickelt sich ein Jahr später eine neue Pflanze. Die alte Knolle stirbt nach der Blüte ab, nachdem auch die Samenbildung stattgefunden hat.

Bei den meisten Arten treiben die Laubblätter im Frühjahr aus. Bei einigen Orchideen, zum Beispiel bei den Ragwurz- und Drehwurzarten (*Ophrys* und *Spiranthes*), werden die Laubblätter schon im Herbst gebildet. Diese Arten überwintern mit einer Blattrosette, die besonders in strengen Wintern häufig Frostschäden aufweist. Die Laubblätter sind überwiegend lanzettlich bis eiförmig-lanzettlich. Sie liegen dem Stängel an, sind waagrecht abstehend bis überhängend und meist rosettig gehäuft. Dadurch bilden sie oft eine grundständige Rosette oder sie sind vor allem in der unteren Hälfte des Stängels mehr oder weniger gleichmäßig verteilt. Meist erreichen sie nicht den Blütenstand. Bei mehreren Arten, vor allem den Knabenkräutern, weisen die Laubblätter dunkelpurpurne Flecken oder Punkte auf.

Einige Arten, wie die Korallenwurz (*Corallorhiza trifida*) und die Vogel-Nestwurz (*Neottia nidus-avis*), haben statt Laubblättern nur scheidenförmige Blattfragmente. Diese Arten sind völlig von spezifischen Pilzen abhängig (obligate Mykorrhiza), von denen sie auch ihre Nährstoffe erhalten. Auf Blattgrün und Photosynthese sind sie nicht mehr angewiesen.

Tragblatt

Blüten-
stand

Laubblatt

Stängel

Aufbau eines Breitblättrigen Knabenkrauts (*Dactylorhiza majalis*)

Die einzelnen Arten erreichen unterschiedliche Höhen. So ist der Stängel der Sumpf-Weichwurz (*Hammarbya paludosa*) durchschnittlich nicht viel höher als 10 cm. Die meisten Orchideen sind jedoch größer und meist zwischen 25 und 40 cm hoch.

Der Blütenstand (Infloreszenz) ist meist zylindrisch bis verlängert und oft reich- und dichtblütig. Bei den Waldvögelein- (*Cephalanthera*) und Ständelwurz-Arten (*Epipactis*) ist der Blütenstand oft langgestreckt und lockerblütig, wobei die Infloreszenz meist einseitswendig entwickelt ist. Bei wenigen Arten, wie etwa bei der Korallenwurz (*Corallorhiza trifida*) und dem Sumpf-Glanzkraut (*Liparis loeselii*), sind nur wenige Blüten vorhanden. Beim Gelben Frauenschuh (*Cypripedium calceolus*) sind in der Regel nur eine bis zwei Blüten entwickelt. Die Tragblätter (Brakteen) sind meist dreieckig bis lanzettlich. Bei den untersten Blüten überragen sie meist den Blütenstand, vor allem bei den Knabenkräutern der Gattung *Dactylorhiza*.

Die Blüte der Orchideen besteht aus drei äußeren Blütenblättern, den Sepalen („Kelchblättern"), und drei inneren Blütenblättern, den Petalen (Kronblättern). Vor allem bei den Knabenkrautarten (*Dactylorhiza* und *Orchis*) bilden die beiden seitlichen, lanzettlichen bis dreieckigen Petalen meist mit dem mittleren Sepalum einen geschlossenen bis lockeren Helm. Das mittlere Petalum ist zu einer unpaarigen Lippe umgebildet, die sich farblich oder durch ein ornamentales Muster von den seitlichen Petalen unterscheidet. Die Ausbildung der Lippe trägt zur Steigerung der Attraktivität der Blüte für den Bestäuber bei. Bei den Arten der Händelwurze und Waldhyazinthen (*Gymnadenia* oder *Platanthera*) hat sie einen mit Nektar gefüllten Sporn gebildet oder besitzt, wie bei den Ständelwurzarten, eine schüsselförmige, nektarführende Vertiefung. Im Zentrum der zwittrigen Blüte sind Staubblätter und Narbe zu einem Säulchen (Gynostemium) verwachsen. In ihren beiden Pollenfächern finden sich die Pollinien. Vielfach ist das Pollinium gestielt und oft mit einer Klebdrüse am Stielchenfuß ausgestattet (Pollinarium).

Die meisten Orchideenarten sind auf Fremdbestäubung (Allogamie) durch Insekten eingerichtet. Die Anlockung der Insekten wird optisch durch die Blütenfarbe, olfaktorisch durch Duftstoffe und taktil durch die Lippenform und Lippenbehaarung sowie bei zahlreichen Arten durch dargebotenen Nektar bewirkt. Bei der Nektarsuche werden den Bestäubern durch raffiniert wirkende Einrichtungen Pollinien an den Körper geklebt und beim Besuch der nächsten Blüte auf deren Narbe abgestreift. Vor allem die *Ophrys*-Arten, die keinen Nektar anbieten, haben einen besonderen und sehr ausgefeilten Bestäubungsmechanismus: Die Lippengestalt dieser Pflanzen ähnelt in Form, Farbe und Behaarung den Weibchen von solitär lebenden Bienen, Hummeln oder Wespen. Die Blüten entlassen zudem Sexualduftstoffe, die denen der Weibchen gleichen. Die Pflanze nutzt zu ihrer Bestäubung den Sexualtrieb der männlichen Insekten aus. Das Männchen landet auf der Lippe und versucht die Begattung (Pseudokopulation). Dabei heften sich die Pollinien an seinem Kopf an und werden beim nächsten Paarungsversuch auf die Narbe einer anderen Blüte übertragen. Manchmal biegen sich die gestielten Pollinien ohne das Eingreifen eines Insekts, berühren die Narbe, und es kommt zur Selbstbestäubung,

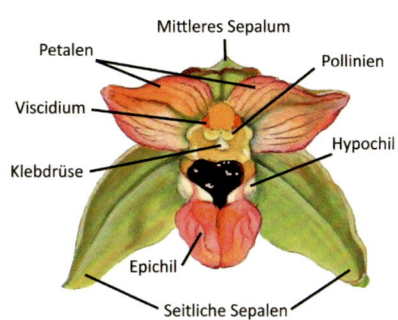

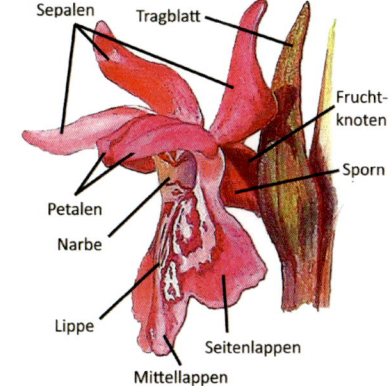

Blütenaufbau der Breitblättrigen Ständelwurz (*Epipactis helleborine*, oben) und des Traunsteiner Knabenkrauts (*Dactylorhiza traunsteineri*, unten).

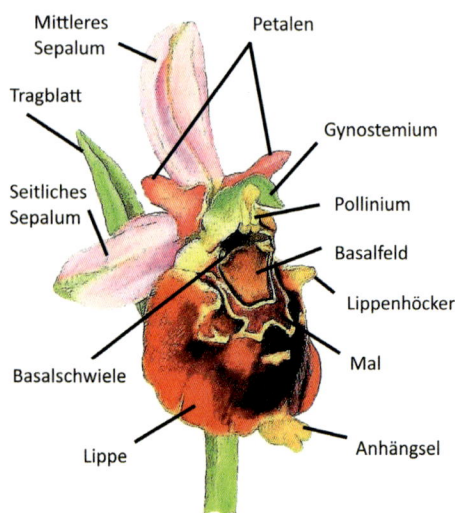

Blütenaufbau der Hummel-Ragwurz (*Ophrys holosericea*).

beispielsweise bei der Bienen-Ragwurz (*Ophrys apifera*). Bei einer Reihe von Arten, zum Beispiel bei einigen Ständelwurz-Arten, tritt Selbstbestäubung und Selbstbefruchtung (Autogamie) ein. Da diese Arten von Insektenbesuchern unabhängig geworden sind, öffnen sich die Blüten von einigen Arten kaum noch, oder sie bleiben ganz geschlossen (kleistogam).

Nach der Bestäubung entwickeln sich in der Fruchtkapsel viele tausend Samen und der Fruchtknoten schwillt an. Orchideensamen zählen zu den kleinsten Samen, die Blütenpflanzen hervorbringen. Die Samen sind so leicht, dass sie, bevor sie zu Boden fallen, mit dem Wind über große Entfernungen transportiert werden können. Nach erfolgreicher Keimung beträgt die Entwicklungszeit zur blühfähigen Pflanze drei bis zehn Jahre. Da die winzigen Samen kein Nährgewebe besitzen, sind sie auf bestimmte, im Boden lebende Pilze angewiesen, die in sie eindringen, sie mit Wasser und Nährstoffen versorgen und so das Keimen ermöglichen (Mykorrhiza). Zwischen beiden Partnern bildet sich ein physiologisches Gleichgewicht aus.

Bei einigen Arten, wie der im Murnauer Moos vorkommenden Honigorchis (*Herminium monorchis*), kommt zusätzlich vegetative Vermehrung vor, indem sich aus einem Rhizom zahlreiche Blütentriebe entwickeln. Bei der Sumpf-Weichwurz (*Hammarbya paludosa*) findet eine vegetative Ausbreitung durch Brutknospen statt.

Wachstum im Hochmoor

Die Herausforderung im Hochmoor zu leben erfordert spezielle Anpassungen. Torfmoose wachsen jedes Jahr bis zu 15 cm in die Höhe. Um mit dem Moorwachstum mithalten zu können, formt die Sumpf-Weichwurz (*Hammarbya paludosa*) jedes Jahr eine neue Knolle, die über der vorjährigen Knolle gebildet wird. Zudem werden an den Blattspitzen häufig Brutknospen (kleine Kügelchen) angelegt, die zur vegetativen Vermehrung dienen. Die Blätter werden von den Torfmoosen im Lauf der Vegetationsperiode oft bereits überwachsen, sodass die Brutknospen direkt im geeigneten Substrat „gepflanzt" werden.

Torfmoose sind bunter Bestandteil in jedem Hochmoor.

Brutknospen an den Blattspitzen der Sumpf-Weichwurz (Foto aus einem Forschungsprojekt).

Auch wegen der großen Kreuzottervorkommen im Moos sollte man auf den Wegen bleiben (im Bild eine Höllenotter, schwarze Farbvariante).

Moorauge im zentralen Murnauer Moos. Diese Bereiche sind trittempfindlich und sollten nicht aufgesucht werden.

Lebensraum Murnauer Moos

Das Murnauer Moos (Landkreis Garmisch-Partenkirchen) umfasst kein einheitliches, klar abgrenzbares Moor. Es besteht vielmehr aus verschiedenen Lebensräumen wie Hochmooren (regengespeiste Moore) und Niedermooren (grundwassergespeiste Moore), Bächen und Seen, Au- und Bruchwäldern sowie Wäldern der Köchel (Hügel, die aus dem Moor herausragen). Es umfasst eine Fläche von 32 bis 45 km², je nach Abgrenzung mit oder ohne loisachbegleitenden Mooren im Nordosten des Gebietes zwischen Hechendorf und Großweil. Es gehört zu den am besten erhaltenen und größten Moorkomplexen Mitteleuropas. In einem dreieckigen Becken erstreckt es sich von Eschenlohe im Süden bis Grafenaschau im Nordwesten und Murnau, bzw. Großweil, im Nordosten. So überrascht es nicht, dass die Zahl der im Murnauer Moos vorkommenden Orchideenarten hoch ist: 38 nachgewiesene Arten! Große Teile des Gebietes stehen unter Schutz: Naturschutzgebiet Murnauer Moos, 2.355 ha; FFH-Gebiet Murnauer Moos (FFH: Flora-Fauna-Habitat-Richtlinie der EU), 3232 ha; Vogelschutzgebiet Murnauer Moos und Pfrühlmoos, 4.327 ha, dazu kommen ein geschützter Landschaftsbestandteil, Naturdenkmäler und Landschaftsschutzgebiete.

Alle im Murnauer Moos vorkommenden Orchideenarten der Hoch- und Übergangsmoore stehen auf der Roten Liste der gefährdeten Pflanzen Bayerns, weil diese Lebensraumtypen durch großflächige Trockenlegungen in ganz Bayern sehr selten geworden sind.

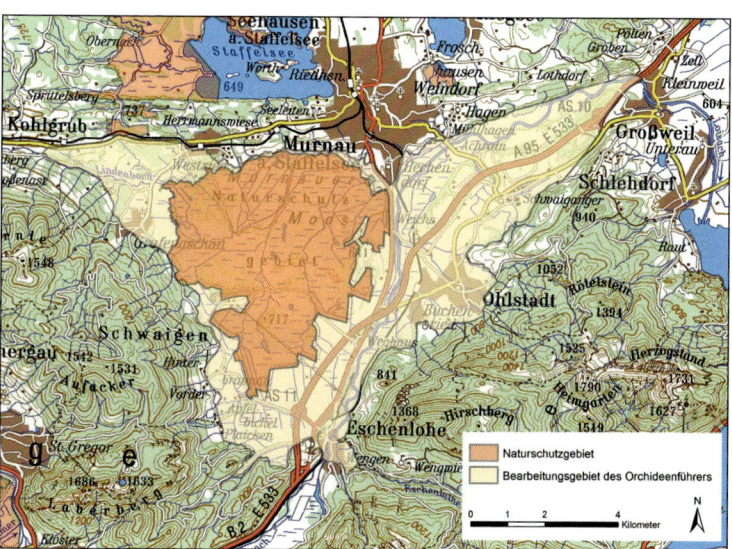

Gebiet des Orchideenführers und Lage der Naturschutzgebiete.
Geobasisdaten: Bayerische Vermessungsverwaltung Nr. 2103-4038

Blick vom Heimgarten auf das herbstliche Murnauer Moos (Blick nach Nordwest, Ohlstadt im Vordergrund).

Extensiv bewirtschaftete Feuchtwiesen sind ein wichtiger Lebensraum für zahlreiche Orchideenarten. Hier bietet sich dem Besucher eine große Vielfalt verschiedener Knabenkräuter. Im Murnauer Moos ist dieser besonders orchideenreiche Lebensraumtyp „mit seiner ewig wechselnden Pracht der Formen und Farben" (VOLLMAR 1941) noch großflächig erhalten.

In der Landwirtschaft wurden feuchte, nährstoffarme Wiesen verständlicherweise oft entwässert und gedüngt, um häufiger mähen zu können und den

Blick über Streuwiesen der ausgedehnten Niedermoore am Moosrundweg unweit des Ähndls. Vom Weg aus sind mehrere Knabenkraut-Arten zu sehen (im Bild das Breitblättrige Knabenkraut).

Bodenschonende, orchideenfreundliche Streuwiesenmahd mit leichten Spezialmaschinen.

Ertrag zu steigern. Zahlreiche ehemalige Orchideenwiesen wurden auch umgebrochen und in Ackerland umgewandelt, sodass der Lebensraumtyp Feuchtwiese in der Kulturlandschaft selten geworden ist. Im Murnauer Moos konnten großflächig Feucht- und Nasswiesen erhalten bleiben. Heute gilt das Murnauer Moos als das größte Streuwiesengebiet Mitteleuropas. Das Mahdgut wird zur Einstreu im Stall verwendet. Daraus leitet sich der Name Streuwiese ab. Streuwiesen werden nur einmal im Jahr gemäht und wurden in der Regel nie gedüngt. Die meisten Streuwiesen werden erst im September gemäht, sodass Orchideen und andere seltene Pflanzenarten genug Zeit haben, reife Samen zu produzieren und sich weiter zu verbreiten. Der Erhalt der

Orchideenlebensraum im Bärlauch-dominierten Laubmischwald mit Stattlichem Knabenkraut.

Zweischürige Wiese (zweimal gemäht) bei Schwaigen.

orchideenreichen Streu- und Nasswiesen steht und fällt mit der traditionellen Bewirtschaftung durch die Landwirte, ohne die das Murnauer Moos sehr viel orchideenärmer wäre. In der Gebietskulisse dieses Orchideenführers (Murnauer Moos mit loisachbegleitenden Mooren) wurden im Jahr 2020 1.496 ha über das Vertragsnaturschutzprogramm des Bayerischen Staatsministeriums für Umwelt und Verbraucherschutz gefördert. Auf einem Großteil der Flächen ist der Mahdtermin auf einen späten Zeitpunkt festgelegt (meist 1.8. oder 1.9.) und auf den meisten Flächen wird auf Düngung gänzlich verzichtet.

Schwachwüchsige, trockene Wiesen mit typischen Orchideenarten der Magerrasen kommen im Murnauer Moos auf kleiner Fläche am Heumoosberg und an einem ehemaligen Altwasserarm der Loisach sowie am Osterbichl im nahegelegenen Ostermoos bei Ohlstadt ebenfalls vor.

Auch die Waldinseln, auf aus dem Moos herausragenden Köcheln, bieten einigen Orchideenarten Lebensraum. Ein Großteil der Köchelwälder wird heute nicht mehr bewirtschaftet und entwickelt sich hin zu naturnahen Wäldern. Hier wird sich der Orchideenlebensraum in den kommenden Jahrzehnten voraussichtlich weiter verbessern.

Vielfältige Orchideen-
lebensräume in enger
Verzahnung: Naturwälder
auf den Köcheln, fast un-
berührte Moore, langjährig
gepflegte Streuwiesen.

Verbreitung der Orchideenarten in den Lebensräumen des Murnauer Mooses (x: Schwerpunkt, (x) seltenes oder ehemaliges Auftreten)

Orchideenart	Hoch-moor	Nieder-moor	Trocken-rasen	Wald
Anteriorchis coriophora Wanzen-Knabenkraut		x		
Cephalanthera damasonium Weißes Waldvögelein	(x)			x
Cephalanthera longifolia Schwertblättriges Waldvögelein	(x)			x
Cephalanthera rubra Rotes Waldvögelein	(x)		(x)	(x)
Coeloglossum viride Grüne Hohlzunge			(x)	
Corallorhiza trifida Korallenwurz				x
Cypripedium calceolus Gelber Frauenschuh				(x)
Dactylorhiza fuchsii Fuchs' Knabenkraut		x	(x)	x
Dactylorhiza incarnata Fleischfarbenes Knabenkraut		x		
Dactylorhiza rhaetica Lappland-Knabenkraut		x		
Dactylorhiza majalis Breitblättriges Knabenkraut		x		
Dactylorhiza ochroleuca Strohgelbes Knabenkraut		x		
Dactylorhiza traunsteineri Traunsteiners Knabenkraut	x	x		
Epipactis atrorubens Braunrote Ständelwurz			x	
Epipactis helleborine Breitblättrige Ständelwurz			x	x
Epipactis palustris Sumpf-Ständelwurz	(x)	x		
Epipactis purpurata Violette Ständelwurz				x
Gymnadenia conopsea Mücken-Händelwurz		x	x	
Gymnadenia odoratissima Wohlriechende Händelwurz		x	(x)	
Hammarbya paludosa Sumpf-Weichwurz	x			

Orchideenart	Hoch-moor	Nieder-moor	Trocken-rasen	Wald
Herminium monorchis Honigorchis		x	(x)	
Herorchis morio Kleines Knabenkraut		x	x	
Liparis loeselii Sumpf-Glanzkraut		x		
Listera ovata Großes Zweiblatt		x	x	x
Listera cordata Kleines Zweiblatt				(x)
Malaxis monophyllos Kleinblütiges Einblatt		(x)		
Neottia nidus-avis Vogel-Nestwurz				x
Odontorchis ustulata Brand-Knabenkraut		(x)	x	
Ophrys apifera Bienen-Ragwurz		(x)	(x)	
Ophrys holosericea Hummel-Ragwurz			(x)	
Ophrys insectifera Fliegen-Ragwurz		(x)	x	
Orchis mascula Stattliches Knabenkraut			(x)	x
Orchis militaris Helm-Knabenkraut		x	x	
Platanthera bifolia Weiße Waldhyazinthe			x	
Platanthera chlorantha Grünliche Waldhyazinthe			x	x
Spiranthes aestivalis Sommer-Drehwurz		(x)		
Spiranthes spiralis Herbst-Drehwurz			(x)	
Traunsteinera globosa Kugel-Knabenkraut		x	(x)	

Anmerkung Das Gefleckte Knabenkraut ist im Murnauer Moos laut Arbeitskreis Heimische Orchideen in Bayern nicht nachgewiesen, wird aber immer wieder wohl irrtümlich von verschiedenen Quellen angegeben. Von folgenden Arten der Tabelle fehlen Nachweise neueren Datums: Grüne Hohlzunge, Hummel-Ragwurz, Sommer- und Herbst-Drehwurz, Rotes Waldvögelein, Kleines Zweiblatt und Kleinblütiges Einblatt.

Bestimmungsschlüssel*

Viele Orchideenarten können anhand der Bilder und der Artbeschreibungen in diesem Buch bereits eindeutig identifiziert werden. Je nach Herangehensweise wurde zusätzlich ein möglichst einfacher Bestimmungsschlüssel für alle Orchideengattungen der im Murnauer Moos vorkommenden Arten entwickelt. Mit diesem Schlüssel lässt sich jede Orchidee im Moos einer bestimmten Gattung zuordnen. Die Arten sind in den anschließenden Steckbriefen alphabetisch vorgestellt, sodass anhand der Beschreibungen und Bilder jede Art schnell bestimmt werden kann. Bei manchen Gruppen, wie den sich sehr ähnlich sehenden Knabenkräutern, kann die Artbestimmung zu Beginn schwierig sein. Hier ist ein Blick in einschlägige Bestimmungsbücher nötig. Experten können ebenfalls oft weiterhelfen. Bitte reißen sie keine Orchideen aus (auch keine Pflanzenteile wie Blüten oder Blätter), sondern dokumentieren Sie stattdessen schwer bestimmbare Individuen per Foto. Ein Foto der Blüten, des Habitus und des Standorts ermöglicht dem Kenner in der Regel die genaue Artansprache. Die Orchideenblüte verändert ohnehin ihre Farbe rasch, sobald sie abgerissen wurde.

1	Pflanze ohne grüne Blätter	→ 2
–	Pflanze mit grünen Blättern	→ 3

2	Stängel und Blüten (gelblich) braun:	**Vogel-Nestwurz (*Neottia nidus-avis*)**
–	Stängel gelbgrün, Blüten gelblich, oft mit dunkelroten Punkten am Blütenschlund, Blüten deutlich hängend nach Übersteigen des Blühhöhepunkts:	**Korallenwurz (*Corallorhiza trifida*)**

3	Blüten ohne Sporn	→ 4
–	Blüten mit Sporn	→ 13

4	Lippe über 2 cm groß, schuhförmig ausgehöhlt:	**Gelber Frauenschuh (*Cypripedium calceolus*)**
–	Lippe nicht schuhförmig	→ 5

5	Blütenlippe samtartig behaart, Blüte entfernt an Insekt erinnernd:	**Ragwurz-Arten (*Ophrys*)**
–	Blütenlippe nicht samtartig behaart, ohne auffällige Malzeichnung	→ 6

6	Stängel mit nur einem (selten 2) grundständigen Laubblatt:	**Kleinblütiges Einblatt (*Malaxis monophyllos*)**
–	Stängel mit 2 oder mehreren Laubblättern	→ 7

7	Blütenlippe (größtes Blütenblatt) meist aufwärts gerichtet (oder in verschiedene Richtungen zeigend)	→ 8
–	Blütenlippen (fast) alle nach unten gerichtet	→ 9

8	Einheitlich gelbe Blüten sehr klein (wenige Millimeter groß), Laubblätter kürzer als 3 cm:	**Sumpf-Weichwurz (*Hammarbya paludosa*)**
–	Blütenlippe rinnig und sichelförmig gebogen, zwei fettig glänzende Laubblätter meist über 3 cm lang:	**Sumpf-Glanzkraut (*Liparis loeselii*)**

9	Blütenlippe in Hinterteil und flaches Vorderteil geteilt	→ 10
–	Blütenlippe nicht deutlich in zwei Teile gegliedert	→ 11

10 Blüten weiß oder rosa, aufgerichtet, innere Blütenblätter öffnen sich
meist nur wenig: **Waldvögelein-Arten (*Cephalanthera*)**

– Blüten mehrfarbig (teilweise mit weißer Blütenlippe), Hinterteil der
Blütenlippe schüsselförmig: **Ständelwurz-Arten (*Epipactis*)**

11 Blüten spiralig um den Stängel angeordnet: **Drehwurz-Arten (*Spiranthes*)**

– Blüten nicht spiralig angeordnet   → 12

12 Pflanze mit zwei im unteren Drittel des Stängels, an der gleichen Stelle
angewachsenen (gegenständigen), breit ovalen Blättern und grasgrüner
oder rotgrüner Blüte mit auffällig zweigeteilter Blütenlippe; Blüte erinnert
an ein „grünes, bzw. rotgrünes Männchen":   **Zweiblatt-Arten (*Listera*)**

– Blätter eiförmig-lanzettlich, Blüte gelblich, Blütenlippe dreigeteilt mit
lang ausgezogenem Mittellappen: **Honigorchis (*Herminium monorchis*)**

13 Äußere Blütenblätter mit verlängerten Zipfeln, Blätter am Stängel
verteilt, Blütenstand in Vollblüte kugelförmig, rosa-lila:
                         Kugel-Knabenkraut (*Traunsteinera globosa*)

– Blütenblätter ohne keulige Zipfel   → 14

14 Blütenblätter lila oder rosa mit grünlichen Streifen auf der Innenseite
der äußeren Blütenblätter oder grünlich überlaufender Blütenlippe:
                         Knabenkräuter (*Anteriorchis, Herorchis*)

– Blütenblätter anders gestaltet   → 15

15 Blütenlippe ungeteilt, weiß oder ins Grünliche überlaufend, zwei
Laubblätter am Grund des Stängels: **Waldhyazinthen (*Platanthera*)**

– Blütenlippe deutlich dreizipfelig oder dreilappig geteilt   → 16

16 Grünliche oder grünlich gelbe Blüte, Blätter am Stängel verteilt:
                         Grüne Hohlzunge (*Coeloglossum viride*)

– Blüte andersfarbig   → 17

17 Blütenähre dicht und kleinblütig, weiß, rosa oder lila einfarbig gefärbte
Blüten, seitliche Blütenblätter deutlich waagerecht abstehend:
                         Händelwurz-Arten (*Gymnadenia*)

– Blüte anders gestaltet   → 18

18 Blütenstand oben schwarzrot gefärbt („verkohlt"), Blütenlippe weiß
mit roten Tupfen: **Brand– Knabenkraut (*Odontorchis ustulata*)**

– Gesamteindruck des Blütenstands einheitlich purpurn, rosa,
weiß oder gelb gefärbt   → 19

19 Laubblätter rosettig angeordnet (bodennah vom Stängel entspringend):
                         Knabenkräuter (*Orchis*)

– Laubblätter am Stängel verteilt angeordnet: **Knabenkräuter (*Dactylorhiza*)**

* Der Bestimmungsschlüssel baut auf dem Orchideenführer von BAUMANN et al.
(2006, modifiziert) auf.

Lassen Sie sich vor allem bei der Bestimmung der Knabenkräuter nicht entmuti-
gen. Es gibt Übergänge zwischen den Arten (Hybride) und Individuen, die auch
von Experten nur über DNA-Analysen eindeutig bestimmt werden können.

Artensteckbriefe der Orchideen

Jede im Murnauer Moos vorkommende Orchideenart wird durch Erkennungs-
merkmale und Blütezeit beschrieben. Ihr bevorzugter Lebensraum und die
Verbreitung der Art werden kurz vorgestellt.

Durch verschiedene Piktogramme wird sofort ersichtlich, wann die Hauptblütezeit erreicht wird und in welchem Lebensraum die Art im Murnauer Moos
hauptsächlich angetroffen werden kann:

 Hauptblütezeit Mai bis Juli

 Lebensraum Hochmoor

 Lebensraum Niedermoor

 Lebensraum Trockenrasen

 Lebensraum Wald

Seltener Hybrid zwischen Traunsteiners und Strohgelbem Knabenkraut im
Murnauer Moos.

Fast alle Orchideenarten sind in irgendeiner Form gefährdet und stehen auf der Roten Liste der bedrohten Pflanzen Bayerns. Die Arten der Roten Liste werden in vier Kategorien eingeteilt:

G0 ausgestorben

G1 vom Aussterben bedroht

G2 stark gefährdet

G3 gefährdet

GV Vorwarnstufe

Arten der Vorwarnstufe weisen zwar noch große Bestände auf, jedoch ist ein deutlicher Rückgang bemerkbar, der in Zukunft dazu führen wird, dass die Art auf der Roten Liste aufgenommen wird, wenn sich der Trend nicht verlangsamt oder umgekehrt wird. Alle heimischen Orchideenarten sind nach Bundesnaturschutzgesetz besonders geschützt und stehen zusätzlich unter europäischem (EG-Verordnung 318/2008) und internationalem Schutz (Washingtoner Artenschutzabkommen, CITES). Sie dürfen folglich nicht entnommen oder beschädigt werden. Auch der Handel mit ihnen ist verboten.

Die geläufigsten nicht-wissenschaftlichen Namen der Arten werden für ausländische Besucher zusätzlich auch auf Englisch, Italienisch, Französisch, Niederländisch und Tschechisch angegeben.

Mücken-Händelwurz in einer Arnika-Wiese bei Schwaigen.

Wanzen-Knabenkraut

Anteriorchis coriophora (L.) E. Klein & Strack

Basionym *Orchis coriophora* L., Sp. Pl. 2: 940 (1753)

Synonym *Anteriorchis coriophora* (L.) E. Klein & Strack,
    Phytochemistry 28 (8): 2137 (1989)

GB: Bug orchid
IT: Orchidea cimicina
FR: Orchis punaise
CZ: Vstavač štěničný
NL: Wantsenorchis

Beschreibung Mittelgroße, schlanke Pflanze, 20 bis 40 cm hoch. Stängel aufrecht, steif. Laubblätter ungefleckt, rinnig gefaltet, lang zugespitzt. Blütenstand zylindrisch bis eiförmig, reich- und dichtblütig mit 20 bis 40 Blüten besetzt. Blüten klein, schmutzig rotbraun oder rötlich grün, nach Wanzen riechend. Lippe klein, keilförmig, rötlich braun bis grünlich braun, abwärts gebogen, manchmal stängelwärts zurückgeschlagen, dreilappig. Mittellappen am Lippengrund und –zentrum heller und mit dunkelpurpurnen oder dunkelroten Saftmalen in punkt- oder strichförmiger Anordnung besetzt. Seitenlappen rhombisch, an den Rändern stark gekerbt, halb bis genau so breit wie der Mittellappen, stark zum Stängel rückwärts gebogen. Sporn kegelförmig und dick, abwärts gebogen, zum Ende hin verschmälert, stumpf, etwa halb so lang wie der Fruchtknoten.

Blütezeit Mitte Mai bis Mitte Juni.

Biotop Die Sippe bevorzugt bodenfeuchte, nicht nasse, extensive Mähwiesen, die in Mitteleuropa großflächig verschwunden sind.

Verbreitung Europa, Nordafrika und Vorderasien. Die Art kommt in Deutschland nur in Bayern und dort extrem selten vor. Sie ist zudem in starkem Rückgang begriffen. Das Vorkommen im Murnauer Moos nahe Hechendorf gehört zu den individuenstärksten Vorkommen Bayerns. Der Landkreis Garmisch-Partenkirchen hat eine hohe Verantwortung zum Erhalt des Vorkommens im Murnauer Moos und somit in Deutschland.

Habitus und Blütenstand (rechte Seite) des Wanzen-Knabenkrauts.

Wanzen (auf dem Foto: Knappe; *Spilostethus saxatilis*) werden durch den charakteristischen Geruch der Blüten angelockt und zum Teil sexuell erregt.

Weißes Waldvögelein

Cephalanthera damasonium (Miller) Druce

Basionym _Serapias damasonium_ Miller,
Gard. Dict. ed. 8: Nr. 2 (1768)

Synonym _Cephalanthera damasonium_ (Miller)
Druce, Ann. Scott. Nat. Hist. 60: 225 (1906)

GB: White helleborine
IT: Cefalantera bianca
FR: Céphalanthère de Damas
CZ: Okrotice bílá
NL: Bleek bosvogeltje

Beschreibung Mittelgroße, kräftige Pflanze, 20 bis 40 cm hoch. Stängel am Grund mit einigen hell- bis dunkelbraunen Schuppenblättern. Laubblätter ungefleckt, fast zweizeilig am Stängel verteilt, den Stängel kurzscheidig umfassend. Blütenstand langgestreckt, etwa ein Drittel bis die Hälfte der gesamten Pflanze einnehmend, sehr locker- und relativ armblütig mit vier bis 20 mittelgroßen bis großen Blüten besetzt. Blüten dem Blütenstand anliegend, überwiegend zur Hälfte geöffnet, selten weit geöffnet, schräg aufwärts gerichtet, weißlich, elfenbeinfarben bis gelblich weiß. Perigonblätter einen lockeren bis geschlossenen Helm bildend, zugespitzt. Petalen eiförmig-lanzettlich bis oval, kürzer als die Sepalen, stumpf. Lippe zweigliedrig. Hypochil mit abgerundeten Seitenlappen, dreieckig bis herzförmig, weißlich bis gelblich

weiß, am Grund mit einem dottergelben Fleck, nektarlos. Epichil herzförmig mit schwach aufgewölbten weißlichen Rändern, auffallend dottergelb, mit drei Längsleisten durchzogen, die sich bis zur abwärts gerichteten Spitze erstrecken. Sporn fehlt.

Blütezeit Mitte Mai bis Mitte Juni.

Biotop Das Weiße Waldvögelein ist im Murnauer Moos selten in schattigen, etwas feuchten Wäldern der Köchel und am Moosrand zu finden. Die Wälder können Buchenmischwälder oder Nadelwälder sein. Auch entlang von Waldwegen und Forststraßen kann es immer wieder auftauchen. Es bevorzugt kalkhaltigen Boden. Vollmar (1938) gibt die Orchidee sogar im bodensauren „Eschenloher Filz in Sphagnum-Rasen" (= Torfmoospolstern) an. Er beschreibt das Vor-

Habitus und Einzelblüte (rechte Seite) des Weißen Waldvögeleins.

kommen wie folgt: „Einen solchen Orchideenflor im Sphagnumrasen kann man nur als Unikum bezeichnen, als einen Scherz, den sich hier die Natur (…) erlaubt hat".

Verbreitung Fast ganz Europa, der Nahe Osten und Nordafrika.

Geh nicht allein in den dunklen Wald!

Das Weiße Waldvögelein ist ganz besonders an seinen dunklen Lebensraum angepasst. Es lebt in enger Partnerschaft mit Waldpilzen. Die fadenförmigen Zellen der Pilze (Hyphen) dringen direkt in die Wurzelzellen des Weißen Waldvögeleins ein, wo sie von der Orchidee regelrecht verdaut werden. Dadurch gewinnt die Orchidee lebenswichtige Nährstoffe, die sie im dunklen Wald sonst nur schwer erreichen kann. Je nach Lichtverfügbarkeit wird die Nährstoffquelle „Pilzpartner" mehr oder weniger ausgenutzt. Ob die Pilzpartner auch von der Orchidee profitieren, ist ungewiss. Ebenso ist unklar, warum sich der Pilzpartner überhaupt in die Wurzeln des Weißen Waldvögeleins locken lässt. Ohne den Pilz könnte die Orchidee an diesem Standort nicht überleben.

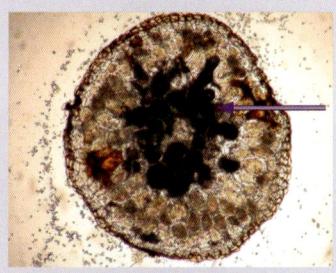

Im mikroskopischen Querschnitt durch eine Orchideenwurzel sind die dunkelbraunen Pilzhyphen in den Zellen als dunkle Punkte gut erkennbar (Foto aus einem Forschungsprojekt).

Schwertblättriges Waldvögelein

Cephalanthera longifolia (L.) Fritsch

Basionym *Serapias helleborine* var. *longifolia* L.,
Sp. Pl. 2: 950 (1753)

Synonym *Cephalanthera longifolia* (L.)
Fritsch, Österr. Bot. Zeitschr. 38: 81 (1888)

GB: Sword-leaved helleborine
IT: Cefalantera maggiore
FR: Céphalanthère à feuilles étroites
CZ: Okrotice dlouholistá
NL: Wit bosvogeltje

Beschreibung Mittelgroße, stattliche, relativ hochwüchsige Pflanze, 20 bis 40 cm hoch, dicht beblättert. Laubblätter mehr oder weniger gleichmäßig und zweizeilig am Stängel verteilt, langscheidig, lang zugespitzt, den Blütenstand weit überragend. Blütenstand meist besonders langgestreckt, etwa ein Drittel bis die Hälfte der gesamten Pflanze einnehmend, locker- und vielblütig mit zehn bis 25 mittelgroßen bis großen Blüten. Blüten mehr oder weniger in zwei Reihen angeordnet, überwiegend zur Hälfte geöffnet, selten weit geöffnet, reinweiß bis porzellanartig weiß, selten gelblich weiß. Lippe zweigliedrig. Hypochil napfförmig bis konkav, weiß bis gelblich weiß, nektarlos. Epichil breit herzförmig, gelblich weiß, seitliche Ränder hochgebogen, am Grund mit vier bis sieben hell- bis orangegelben, dicht behaarten Längsleisten versehen, die sich bis zur abwärts gerichteten Spitze erstrecken. Sporn fehlt.

Blütezeit Mitte Mai bis Anfang Juni.

Habitus (unten) und Blüten (S. 31 oben) des Schwertblättrigen Waldvögeleins.

Schattenexemplar in einem bodensauren Moorwald im Eschenloher Filz (zentrales Murnauer Moos).

Biotop Die Art benötigt atlantisches Klima (feucht und mild). Im Murnauer Moos kommt sie vor allem in Wäldern mit kalkhaltigen Böden meist in Südexposition vor. VOLLMAR fand die Art 1938 aber auch im „Eschenloher Filz in Sphagnum-Rasen". Auch heute wächst sie noch an vermutlich derselben Stelle.

Verbreitung Fast ganz Europa mit Ausnahme großer Teile Skandinaviens.

Ozeanische Arten im Murnauer Moos

Im Murnauer Moos treten mehrere Arten auf, die ihren Verbreitungsschwerpunkt in Meeresnähe haben. Diese Arten werden „ozeanische" Arten genannt. Im Nordstau der Alpen werden hohe Niederschlagsmengen erreicht, die zu luftfeuchten Bedingungen ähnlich wie an der Atlantikküste führen. Die Winter sind

Bärlauch in Vollblüte

(waren) traditionell schneereich, sodass die Pflanzen vor Kälte geschützt sind. Typisch ozeanische Arten, neben dem Schwertblättrigen Waldvögelein sind im Murnauer Moos beispielsweise die Vorkommen von Bärlauch (*Allium ursinum*), Efeu (*Hedera helix*), Hirschzungenfarn (*Asplenium scolopendrium*) und Lungen-Enzian (*Gentiana pneumonanthe*).

Hirschzungenfarn

Rotes Waldvögelein

Cephalanthera rubra (L.) L. C. M. Richard

Basionym *Serapias rubra* L., Syst. Nat. ed. 12, 2: 594 (1767)

Synonym *Cephalanthera rubra* (L.) L. C. M. Richard,
De Orchid. Eur.: 38 (1817)

GB: Red helleborine
IT: Cefalantera rossa
FR: Céphalanthère rouge
CZ: Okrotice červená
NL: Rood bosvogeltje

Beschreibung Mittelgroße, schlanke und zierliche Pflanze, 25 bis 70 cm hoch. Stängel dünn, aufrecht, spindelig, grün bis dunkelgrün, gedreht, im unteren und mittleren Teil kahl, oberwärts stark drüsig behaart mit grauen Haaren, biegsam, oft lila überlaufen, an der Basis mit mehreren scheidigen Blättern. Laubblätter gleichmäßig im unteren und mittleren Teil des Stängels verteilt, zweizeilig am Stängel angeordnet, stark genervt. Blütenstand langgestreckt, allseitswendig, etwa ein Drittel der gesamten Pflanze einnehmend, sehr locker- und relativ vielblütig mit vier bis 22 Blüten besetzt. Blüten groß, vollständig geöffnet, waagerecht abstehend, rotlila bis hellrosa, selten reinweiß. Perigonblätter einen sehr lockeren bis weit geöffneten Helm bildend, lang zugespitzt. Lippe zweigliedrig. Hypochil konkav, weißlich bis hellrosa, mit aufgerichteten Seitenlappen, nektarlos. Epichil eiförmig-lanzettlich bis dreieckig-lanzettlich, kräftig rotlila bis hellrosa, an den Rändern gekräuselt, seitliche Ränder aufgebogen, am Grund mit sechs bis zehn gelbbraunen Längsleisten, die sich bis zur abwärts gerichteten Spitze erstrecken. Sporn fehlt.

Blütezeit Mitte Juni bis Mitte Juli.

Biotop Das Rote Waldvögelein ist eine wärme- und lichtliebende Art, die meist an Kalk gebunden ist.

Habitus und Blütenstand (rechte Seite) des Roten Waldvögeleins.

Verbreitung Der Verbreitungsschwerpunkt liegt in weiten Teilen Europas in Kalk-Buchenwäldern und lichten Kiefern- und Eichenwäldern. Im Werdenfelser Land ist es stellenweise häufig. Aus dem Murnauer Moos ist jedoch nur ein Fund von Vollmar bekannt, der die Art 1938 im „Eschenloher Filz in Sphagnum-Rasen" fand.

Grüne Hohlzunge

Coeloglossum viride (L.) Hartman

Basionym *Satyrium viride* L., Sp. Pl. 2: 944 (1753).

Synonym *Coeloglossum viride* (L.) Hartman,
        Handb. Skand. Fl. ed. 1: 329, Nr. 398 (1820)

GB: Frog orchid
IT: Celoglosso verde
FR: Orchis grenouille
CZ: Vemeníček zelený
NL: Groene nachtorchis

Beschreibung Gedrungene, kleine bis mittelgroße, selten schlanke und hochwüchsige Pflanze, bis 20 cm hoch. Stängel aufrecht, am Grund mit zwei anliegenden, spitzlichen Stängelblättern. Laubblätter ungefleckt, breit oval bis eiförmig. Blütenstand zylindrisch bis verlängert, dicht- und vielblütig oder locker und wenigblütig, mit sechs bis 30 Blüten besetzt. Perigonblätter alle etwa gleich lang, einen halbkugeligen, mehr oder weniger geschlossenen Helm bildend, grün, bisweilen braunrot überlaufen. Blüten ziemlich klein, grün bis gelblich grün, zuweilen braunrot bis rötlich überlaufen, schwach duftend. Lippe gelblich grün, an den Rändern oft rotbraun überlaufen, zungenförmig herabhängend oder stark zurückgebogen, im unteren Teil leicht verbreitert und dreilappig, mit parallelen Seitenlappen und kürzerem, zahnförmigem Mittellappen. Sporn sehr kurz, dick, sackförmig, gefurcht, abwärts gebogen, etwa ein Fünftel so lang wie der Fruchtknoten.

Blütezeit Mitte Mai bis Mitte Juni.

Biotop Die Grüne Hohlzunge ist im Werdenfelser Land ein typischer Vertreter der Bergwiesen oberhalb der Waldgrenze. Durch die Bewirtschaftung

(Mahd und Beweidung) konnte die Grüne Hohlzunge auch tiefere nährstoffarme, extensiv genutzte Wiesen besiedeln (z.B. die Mittenwalder Buckelwiesen). Im Murnauer Moos ist die Art seit vielen Jahrzehnten verschollen (zuletzt von Vollmar 1938 angegeben), vermutlich aufgrund der Aufgabe der traditionellen Mahd auf den Köcheln. Der Name Wiesmahdköchel beispielsweise deutet noch auf die ehemalige Wiesennutzung hin. Heute ist der Wiesmahdköchel so wie alle anderen Köchel bewaldet.

Verbreitung Fast europaweit verbreitet; auch in Nordamerika (USA, Alaska und Kanada).

Habitus und Blütenstand (rechte Seite) der Grünen Hohlzunge.

Das Kind muss einen Namen haben

Die stammesgeschichtliche Zuordnung der einzelnen Arten stellt Laien und Orchideenexperten seit Beginn der Orchideenforschung vor Herausforderungen. Je nach gemeinsamen Merkmalen (Blüten-/Wurzelform) wurde die Grüne Hohlzunge beispielsweise auch schon zum Glanzstendel (*Liparis*), zu den Ragwurz-Arten (*Ophrys*) und sogar zu den Zweiblättern (*Listera*) gestellt. Genetische Methoden führen derzeit zur Neuordnung der Orchideenarten. Genetisch eng verwandt ist die Grüne Hohlzunge vor allem mit den Knabenkräutern (*Dactylorhiza*-Arten).

Die Grüne Hohlzunge ist ein Kind mit vielen Namen.

36

Korallenwurz

Corallorhiza trifida Châtelain

Basionym *Corallorhiza trifida* Châtelain,
     Specim. Inaug. Corall.: 8, 11 (1760)

Synonym *Neottia corallorhiza* (L.) Kuntze,
     Revis. Gen. Pl. 2: 674 (1891)

GB: Coral-root orchid
IT: Coralloriza trifida
FR: Racine de corail
CZ: Korálice trojklanná
NL: Koraalwortel

Beschreibung Schlanke, zierliche, unscheinbare Pflanze, 10 bis 20 cm hoch, ohne Laubblätter und mit korallenartig verzweigtem Rhizom, gänzlich auf Symbiose mit Wurzelpilzen angewiesen, bildet manchmal sehr große Gruppen blühender Pflanzen büschelweise zusammenstehend. Stängel ziemlich dünn, schlank, kahl. Blütenstand kurz bis zylindrisch, breit ausladend, locker- und meist armblütig, mit vier bis zehn abstehenden Blüten. Tragblätter sehr klein, schuppenförmig, krautig, hell- bis gelblich grün, dreieckig-lanzettlich bis eiförmig-lanzettlich oder dreieckig, kurz zugespitzt, etwa ein Viertel bis halb so lang wie der Fruchtknoten. Perigon einen lockeren Helm bildend. Blüten weißlich mit roter Zeichnung, sehr klein. Lippe zungenförmig, stumpf, weißlich, an der Basis mit roten Punkten besetzt oder rötlich gestrichelt, an den Rändern leicht gewellt. Spornähnliches Gebilde vorhanden, das dem Fruchtknoten unterhalb der Ansatzstelle der beiden seitlichen Sepalen aufsitzt. Sporn rudimentär.

Blütezeit Ende Mai bis Mitte Juni.

Biotop Dunkle Buchen- und Mischwälder.

Verbreitung Hauptsächlich Nord- und Mitteleuropa, aber auch im Nahen Osten und im Kaukasus. Im Murnauer Moos kommt die Art sehr selten in den Köchelwäldern vor. Sollte man die Art mit großer Wahrscheinlichkeit antreffen wollen, lohnt sich ein Ausflug in die Wälder rund um Mittenwald (besonders am Kranzberg). In Deutschland ist die Art auf die Kalkgebiete der Mittelgebirge, Alpen und des Alpenvorlandes beschränkt.

Habitus und Blütenstand (rechte Seite) der Korallenwurz.

Gelber Frauenschuh

Cypripedium calceolus L.

Basionym *Cypripedium calceolus* L.,
Sp. Pl. 2: 951, nr. 1 (1753)

Synonym *Calceolus marianus* CRANTZ,
Stirp. Austr. Fasc. 2 (6): 454 (1769)

GB: Lady's-slipper orchid
IT: Scarpetta di Venere
FR: Sabot de Vénus
CZ: Střevíčník pantoflíček
NL: Vrouwenschoentje

Beschreibung Kräftige, mittelgroße bis hochwüchsige Pflanze, 20 bis 50 cm hoch. Stängel hell- bis gelblich grün, rund, leicht gebogen, im oberen Teil schwach behaart. Laubblätter sehr groß und kräftig, eiförmig-lanzettlich bis elliptisch, stark geädert, mehr oder weniger gleichmäßig am Stängel verteilt, stängelumfassend, kurz zugespitzt, am Rande und auf den starken Nerven fein behaart, waagrecht abstehend bis schräg aufwärts gerichtet, den Blütenstand meist gerade erreichend. Blütenstand meist ein- oder zweiblütig, sehr selten dreiblütig. Tragblätter groß und laubblattartig ausgebildet, viel länger als der Fruchtknoten. Blüten auffallend groß, Lippe hell- bis dunkelgelb. Perigonblätter überwiegend braunrot, sehr selten gelb bis gelblich grün gefärbt, breit-lanzettlich bis lanzettlich, viel länger als die Lippe, abstehend. Seitliche Sepalen miteinander verwachsen, nach unten gerichtet; das mittlere steil aufwärts gerichtet. Petalen länglich-lanzettlich, schräg nach unten gerichtet, schraubenförmig gedreht. Lippe sehr groß, schuhförmig, blassgelb bis zitronengelb, bauchig, ausgehöhlt, vorwärts bis abwärts gerichtet. Säule mit zwei fertilen Staubblättern, die von einem hellgelben, rot gepunkteten, sterilen Staubblatt überdeckt werden. Die Blätter sind leicht behaart und nicht unähnlich den Blättern des Weißen Germers (stärker gefaltet), der wesentlich häufiger im Gebiet vorkommt als der Gelbe Frauenschuh.

Blütezeit Mitte Mai bis zur ersten Juniwoche.

Biotop Lichter Kiefern- oder Bergmischwald.

Habitus und Blütenstand (rechte Seite) des Gelben Frauenschuhs.

Verbreitung Große Teile Europas. Der Gelbe Frauenschuh ist nicht nur bedroht durch Zuwachsen seiner Lebensräume, sondern auch durch rücksichtslose Bewunderer, die im Umfeld Jungpflanzen zerstören, oder „Liebhaber", die Exemplare für den eigenen Garten ausgraben. Den Autoren sind mehrere Fälle im Werdenfelser Land bekannt. Der Gelbe Frauenschuh konnte bislang nur in einem Randgebiet des Murnauer Mooses nachgewiesen werden. In Deutschland ist die Art vor allem in den Kalkgebieten der Mittelgebirge, der Alpen und auf den licht bewaldeten Flussschotterflächen der Flüsse des Alpenvorlandes verbreitet. Isolierte Vorkommen gibt es z. B. auf Rügen und im Siebengebirge südlich von Bonn. Der Gelbe Frauenschuh ist gemäß des Anhangs IV der Flora-Fauna-Habitat-Richtlinie (FFH-Richtlinie) besonders streng geschützt.

Fuchs' Knabenkraut

Dactylorhiza fuchsii (Druce) Soó

Basionym *Orchis fuchsii* Druce, Rep. Bot. Exch. Club
Soc. Brit. Isles 1914, 4 (1): 105 & 106 (1915)

Synonym *Dactylorhiza fuchsii* (Druce) Soó,
Nom. Nova Gen. Dactylorhizae: 8 (1962)

GB: Commmon spotted orchid
IT: Orchidea di Fuchs
FR: Orchis de Fuchs
CZ: Prstnatec Fuchsův
NL: Bosorchis

Beschreibung Schlanke, hochwüchsige Pflanze, 30 bis 70 cm hoch. Laubblätter vor allem im unteren Teil des Stängels verteilt, an der Oberfläche stark braunrot bis violett gefleckt, selten ungefleckt, unterstes Laubblatt auffallend kurz, zungenförmig, langscheidig, rundlich bis breit-lanzettlich und stumpf. Blütenstand anfangs kegelförmig, später zylindrisch bis verlängert, dicht- und ziemlich reichblütig mit etwa 25 bis 55 Blüten. Blüten mittelgroß, variierend von weiß, rosa, hellrot bis purpurn. Lippe im Umriss rundlich, breiter als lang, ausgebreitet, stark dreilappig mit relativ spitzem, weit vorgezogenem Mittellappen, weißlich bis hellrosa mit hellerer oder rotpurpurner Schleifenzeichnung, oft auch ohne Zeichnung. Lippenzeichnung aus einer dunklen, rotpurpurnen Schleifenzeichnung mit kurzen Strichen oder purpurnen Linien, Punkten oder Flecken bestehend, die sich fast über die ganze Lippe erstreckt. Sporn zylindrisch bis konisch, waagerecht bis leicht abwärts gerichtet, etwa zwei Drittel so lang wie der Fruchtknoten.

Blütezeit Mitte Juni bis Anfang Juli.

Blühaspekt und Blütenstand (rechte Seite) des Fuchs' Knabenkrauts.

Biotop Das Fuchs' Knabenkraut kommt auf kalkhaltigen Böden sowohl im Übergang zwischen Wald und Offenland (Waldränder, Säume) als auch in Feuchtwiesen des Murnauer Mooses zerstreut vor. Es fällt beim Spaziergang im Moos an vielen Stellen auf (z. B. entlang der ehemaligen Hartsteinwerkstraße zwischen Langem Köchel und Weghaus).

Verbreitung Fast ganz Europa. Besonders in den Alpen und in Skandinavien.

Fleischfarbenes Knabenkraut

Dactylorhiza incarnata (L.) Soó

Basionym *Orchis incarnata* L.,
Fl. Suec. ed. 2: 312, nr. 802 (1755)

Synonym *Dactylorhiza incarnata* (L.) Soó,
Nom. Nova Gen. Dactylorhizae: 3 (1962)

GB: Early marsh-orchid
IT: Orchide incarnata
FR: Orchis incarnat
CZ: Prstnatec pleťový
NL: Vleeskleurige orchis

Beschreibung Kräftige, hochwüchsige, sehr schlanke Pflanze, 25 bis 30 cm hoch. Stängel steif, rund, hohl, im oberen Teil oft purpurviolett überlaufen. Laubblätter langscheidig, ungefleckt, hauptsächlich in der unteren Hälfte gleichmäßig am Stängel verteilt, an der Spitze kapuzenartig. Blütenstand zylindrisch bis verlängert, sehr dicht- und reichblütig, mit etwa 20 bis 60 kleinen Blüten besetzt. Blüten klein, hell- bis dunkelrosa, violett oder selten reinweiß. Lippe rhombisch, ziemlich schmal, ganzrandig bis leicht dreilappig, mit vorgezogener Spitze, zart- bis dunkelrosa, flach ausgebreitet oder an den schwach gezähnelten Seitenrändern leicht zurückgeschlagen. Lippenzeichnung aus einem feinen, meist doppelten Schleifen- oder Strichmuster aus kräftig rotvioletten, kurzen oder unterbrochenen Linien bestehend. Sporn konisch, waagrecht bis leicht abwärts gebogen, am Ende stumpf, etwa drei Viertel mal so lang wie der Fruchtknoten.

Blütezeit Mitte Mai bis Mitte Juni.

Biotop Feucht- und Streuwiesen, Kleinseggenriede.

Verbreitung Fast ganz Europa und große Teile des Nahen Ostens. Extrem selten im Mittelmeerraum. In Deutschland hat die Art einen Großteil ihres Verbreitungsgebietes in Nordrhein-Westfalen und Hessen eingebüßt. Der Verbreitungsschwerpunkt liegt in den bayerischen Alpen und im Alpenvorland. Im Murnauer Moos ist das Fleischfarbene Knabenkraut häufig auf Feuchtwiesen der Niedermoore zu finden, z. B. entlang des Moosrundwegs unweit des Ähndls.

Habitus und Blütenstand (rechte Seite) des Fleischfarbenen Knabenkrauts mit Goldenen Scheckenfaltern (*Euphydryas aurinia*) bei der Paarung.

Genetische Farbenvielfalt

Die Artengruppe des Fleischfarbenen Knabenkrautes kann in unterschiedlichen Blütenfarben auftreten. Das Strohgelbe Knabenkraut wurde bis vor kurzem noch als Unterart des Fleischfarbenen Knabenkrautes geführt. Offensichtlich führen in dieser Artengruppe kleine genetische Unterschiede zu deutlichen Farbunterschieden. Noch deutlicher ist das beim Holunder-Knabenkraut (*Dactylorhiza sambucina*) zu beobachten, das sowohl gelb als auch rot-lila blühen kann. Diese Art kommt im Murnauer Moos jedoch nicht vor.

Im Murnauer Moos kommen beide Farbvarianten direkt nebeneinander vor (links Strohgelbes, rechts Fleischfarbenes Knabenkraut).

Geflecktes Knabenkraut

Dactylorhiza maculata (L.) Soó

Basionym *Orchis maculata* L., Sp. Pl. 2: 942, nr. 12 (1753)

Synonym *Dactylorhiza maculata* (L.) Soó,
Nom. Nova Gen. Dactylorhizae: 7 (1962)

GB: Heath spotted orchid
IT: La Concordia
FR: Orchis tacheté
CZ: Prstnatec plamatý
NL: Gevlekte orchis

Beschreibung Schlanke, mittelgroße bis hochwüchsige Pflanze, 20 bis 60 cm hoch. Stängel aufrecht, rinnig, markig, hell- bis dunkelgrün. Laubblätter vor allem in der unteren Hälfte des Stängels angeordnet, rinnig gefaltet, grün bis dünkelgrün, auf der Oberseite schwach bis kräftig braunrot gefleckt, an der Unterseite silbrig, selten ungefleckt. Blütenstand anfangs kegelförmig, später eiförmig bis walzlich, dicht- und überwiegend reichblütig mit 20 bis 50 Blüten. Blüten mittelgroß, weißlich, hell- bis dunkelrosa oder hellviolett. Lippe elliptisch bis kreisrund, fast gleich breit wie lang, weißlich, hell- bis dunkelrosa oder hellviolett, flach ausgebreitet, schwach dreilappig, mit schwach vorgezogenem oder kürzerem, spitzem Mittellappen. Seitenränder meist etwas aufgebogen. Lippenzeichnung symmetrisch angeordnet und aus purpurvioletten bis weinroten Linien oder kurzen Strichen bestehend, die auch auf die seitlichen Randzonen übergreifen. Sporn dünn, zylindrisch, abwärts gerichtet, so lang wie oder etwas kürzer als der Fruchtknoten.

Blütezeit Ende Mai bis Mitte Juli.

Biotop Feucht-, Nass- und Sumpfwiesen, Flach- und Quellmoore, Moor- und Heidegebiete.

Verbreitung West- und Nordeuropa. Das Gefleckte Knabenkraut im eigentlichen Sinne kommt im Murnauer Moos nicht vor. Es wurde dennoch in die Artauswahl mit aufgenommen, da es oft mit dem Fuchs' Knabenkraut verwechselt und somit auch irrtümlich für das Murnauer Moos angegeben wird.

Habitus und Blütenstand (rechte Seite) des Gefleckten Knabenkrauts.

Breitblättriges Knabenkraut

Dactylorhiza majalis (Reichenbach pat.)
P. F. Hunt & Summerhayes

Basionym *Orchis majalis* Reichenbach pat.,
Iconogr. Bot. Pl. Crit. 6: 7, nr. 770 (1828)

Synonym *Dactylorhiza majalis* (Reichenbach pat.)
P. F. Hunt & Summerhayes, Watsonia 6 (1): 130, Nr. 16 (1965)

GB: Western marsh orchid
IT: Orchide a foglie larghe
FR: Dactylorhize de mai
CZ: Prstnatec májový
NL: Brede orchis

Beschreibung Mittelgroße, kräftige Pflanze, 20 bis 50 cm hoch, stark be-blättert. Stängel aufrecht, steif, hohl, kantig, oberwärts meist stark purpurn überlaufen und leicht hin- und hergebogen, am Grund mit einigen häutigen, schuppenförmigen Laubblättern. Laubblätter hellgrün, vor allem in der unteren Hälfte des Stängels gedrängt, auf der Oberseite meist kräftig braun- bis schwarzviolett gefleckt (selten ungefleckt). Blütenstand kurz zylindrisch bis walzlich, locker- bis dicht- und reichblütig mit zehn bis 40 Blüten. Blüten mittelgroß, hellrot bis rotviolett, schräg bis senkrecht von der Blütenstands-achse abstehend. Lippe dunkel- bis violettrot, am Sporneingang und im Zentrum heller, oft weißlich, dreilappig mit vorgezogenem, dreieckigem, stumpfem Mittellappen. Seitenlappen rhombisch, meist zurückgeschlagen, selten flach ausgebreitet, an den Rändern gezähnelt bis schwach gekerbt, einheitlich

violettrot. Lippenzeichnung aus einem kräftigen, dunkelroten Schleifenmuster aus kurzen Strichen, Punkten oder Linien bestehend. Sporn kegelförmig, leicht abwärts gebogen, stumpf, etwa so lang wie der Fruchtknoten.

Blütezeit Mitte Mai bis Anfang Juni.

Biotop Möglichst ungedüngte oder nur mit Festmist gedüngte, spät gemähte Feucht- und Streuwiesen.

Habitus (links) und Einzelblüte (rechte Seite) des Breitblättrigen Knabenkrauts.

Verbreitung Große Teile Europas. Nicht im Mittelmeergebiet. Das Breitblättrige Knabenkraut war noch vor wenigen Jahrzehnten eine „Allerweltsart", die in einem Großteil der Mähwiesen vom Flachland bis in die Berge verbreitet war. Die Art hat jedoch deutlich in der Häufigkeit abgenommen. Im Murnauer Moos ist das Breitblättrige Knabenkraut weiterhin eine der häufigsten Orchideenarten mit großen Vorkommen, unter anderem entlang des Moosrundwegs westlich des Ähndls. Deutschland und Bayern haben eine besonders große Verantwortung für die Art, da der Schwerpunkt der globalen Verbreitung dort liegt.

Besonders stattliches Exemplar auf einer Streuwiese bei Grafenaschau.

Strohgelbes Knabenkraut

GB: Early marsh-orchid
IT: Orchide bianco-giallo
FR: Orchis jaune pâle
CZ: Prstnatec bledožlutý
NL: Geelwitte orchis

Dactylorhiza ochroleuca (Wüstnei ex Boll) J. L. Holub

Basionym *Orchis incarnata* var. *ochroleuca* Wüstnei ex Boll,
Arch. Ver. Freunde Naturgesch.
Mecklenburg 14: 307 (1860)

Synonym *Orchis ochroleuca* (Wüstnei ex Boll) Schur,
Enum. Pl. Transsilv.: 641 (1866)

Beschreibung Hochwüchsige, schlanke Pflanze, 40 bis 80 cm hoch. Stängel steif, rund, hohl, kräftig, kantig, aufrecht. Laubblätter langscheidig, ungefleckt, hauptsächlich in der unteren Hälfte gleichmäßig am Stängel verteilt, an der Spitze kapuzenartig. Blütenstand zylindrisch bis verlängert, sehr dicht- und reichblütig mit etwa 40 bis 70 Blüten besetzt. Blüten klein, hellgelb gefärbt. Lippe klein, ziemlich schmal, ganzrandig bis leicht dreilappig mit schwach vorgezogener Spitze, einheitlich hellgelb gefärbt mit dunkelgelbem Lippengrund, an den Seitenrändern heller, ohne Lippenzeichnung. Mittellappen kurz dreieckig, zugespitzt, leicht vorgezogen, entlang der Mittellinie stark rückwärts gebogen. Seitenlappen an den Rändern gezähnelt, stark zurückgeschlagen, wodurch die Blüten schlank wirken. Sporn konisch, leicht abwärts gebogen, am Ende stumpf, etwa zwei Drittel so lang wie der Fruchtknoten.

Blütezeit Ende Mai bis Mitte Juli, tendenziell eine bis zwei Wochen später als das Fleischfarbene Knabenkraut, die Blütezeit überlappt sich jedoch.

Biotop Streuwiesen (Schwerpunkt in Großseggenrieden), Quell- und Zwischenmoore.

Verbreitung Große Teile Mitteleuropas. Nicht im Mittelmeergebiet. Die Art hat zwei deutlich getrennte Vorkommensgebiete in Deutschland: a) Niedermoore in Mecklenburg-Vorpommern und b) das bayerische und baden-württembergische Alpenvorland. Im Murnauer Moos blühen alljährlich prächtige Exemplare direkt am Wegesrand des Moosrundwegs westlich des Ähndls. Im Murnauer Moos blühen in manchen Jahren mehrere zigtausend Individuen.

Habitus von Strohgelbem Knabenkraut, mit Schwesterart Fleischfarbenem Knabenkraut (rechte Seite, unten) und Einzelblüten (rechte Seite, oben).

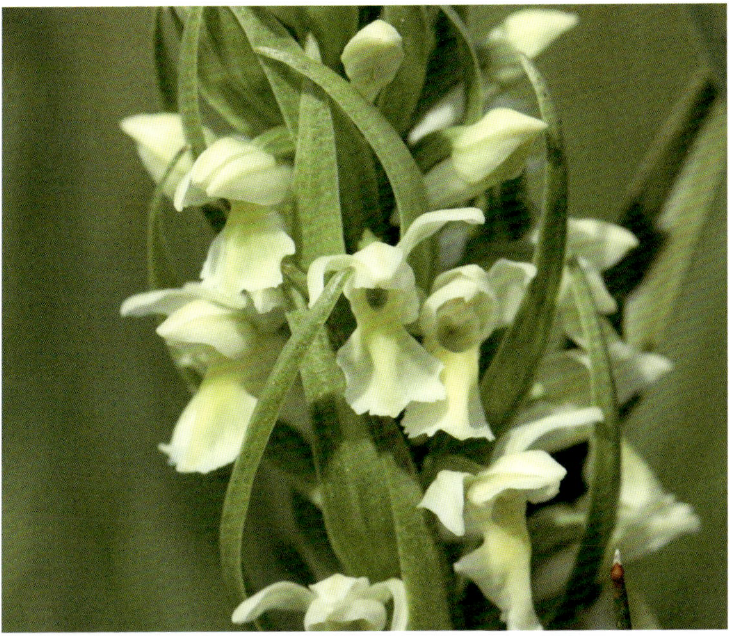

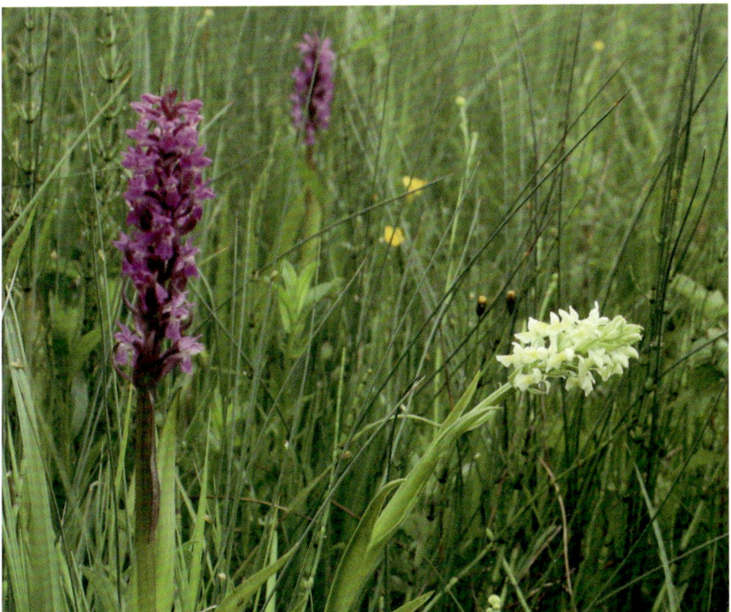

Rätisches Knabenkraut

Dactylorhiza rhaetica (H. Baumann &
R. Lorenz) Kreutz

Basionym *Dactylorhiza lapponica* subsp. *rhaetica*
H. Baumann & R. Lorenz, J. Eur. Orch. 37 (4): 941 (2005)

Synonym *Dactylorhiza rhaetica* (H. Baumann & R. Lorenz)
Kreutz, Orchid. Europa 1: 64 (2021)

GB: "Lapland marsh-orchid"
IT: "Orchidea della Lapponia"
FR: "Orchis de Laponie"
CZ: „Prstnatec laponský"
NL: Rätische orchis

Beschreibung Niedrige und zierliche Pflanze, 15 bis 30 cm hoch. Stängel aufrecht, hohl, kantig, verhältnismäßig dick, im oberen Teil meist intensiv violett überlaufen. Laubblätter hellgrün bis grün, rinnig gefaltet bis ausgebreitet, auf der Oberseite mehr oder weniger stark dunkelrot- bis schwarzviolett gefleckt, am Grund mit einigen scheidenartigen, bräunlich gefärbten Laubblättern. Blütenstand ziemlich kurz, breit-zylindrisch, ausladend, relativ locker- und armblütig, oft einseitswendig, mit fünf bis 14 Blüten besetzt. Blüten klein bis mittelgroß, violett bis purpurrot gefärbt. Lippe rot bis purpurrot, rhombisch, spitz eiförmig bis ganzrandig-herzförmig, ziemlich schmal und schwach bis undeutlich dreilappig, am Sporneingang heller gefärbt bis weißlich. Mittellappen sehr schmal und etwas länger als die beiden Seitenlappen. Seitenlappen halbelliptisch und leicht gezähnelt. Lippenzeichnung aus einem dunklen violetten, meist doppelten Schleifenmuster aus kurzen Linien oder Strichen bestehend, selten auch punktiert. Sporn konisch, waagrecht bis leicht abwärts gerichtet, stumpf, etwa so lang wie der Fruchtknoten. Die Art bildet im Murnauer Moos Übergänge zu Traunsteiners und Breitblättrigem Knabenkraut und ist von diesen Arten nicht immer unterscheidbar. Es ist nicht endgültig geklärt, ob es sich bei den Individuen im Murnauer Moos nicht auch um Hybriden handelt, die dem Rätischen Knabenkraut ähneln.

Blütezeit Anfang Juni bis Ende Juli.

Biotop Im Murnauer Moos in Kleinseggenrieden und Quellmooren.

Verbreitung Frankreich bis Ungarn. Das Rätische Knabenkraut kommt in Deutschland ausschließlich im bayerischen Alpenraum und seinem Vorland vor. Bayern hat eine besonders große Verantwortung, diese Art zu erhalten.

Blütenstand des Rätischen Knabenkrauts (Wuchsort direkt am Moosbergweg auf Höhe des Heumoosbergs) und Habitus (linke Seite).

Was macht das Rätische Knabenkraut (früher Lappland-Knabenkraut) so weit weg von Lappland?

Im Murnauer Moos haben sich eine Reihe von Pflanzenarten als sogenannte Glazialrelikte nach der Eiszeit halten können. Das Murnauer Moos wurde am Ende der Eiszeit von Tundraarten wiederbesiedelt, die mit der natürlichen Klimaerwärmung größtenteils rasch wieder ausstarben. Tundraarten haben heute ihren europäischen Verbreitungsschwerpunkt in Skandinavien und „Lappland". Zu den bis heute im Murnauer Moos vorkommenden Tundraarten neben dem Rätischen Knabenkraut (bzw. Lappland-Knabenkraut) gehören das Zierliche Wollgras (*Eriophorum gracile*), die Torf-Segge (*Carex heleonastes*) und das Karlszepter (*Pedicularis sceptrum-carolinum*). Da die Sippe doch deutlich andere Merkmale als das *Lappland-Knabenkraut* zeigt, wurde sie als neue Unterart, *Dactylorhiza lapponica* subsp. *rhaetica* und dann als eigene Art beschrieben.

Direkt nach der letzten Eiszeit könnte der Blick vom Estergebirge in Richtung Murnau dieser Landschaft geähnelt haben.

Traunsteiners Knabenkraut

Dactylorhiza traunsteineri (Sauter) Soó

Basionym: *Orchis traunsteineri* Sauter ex Reichenbach
pat., Fl. Germ. Excurs. 1 (1): 140.18, Nr. 853 (1830)

Synonyms: *Dactylorhiza traunsteineri* (Sauter) Soó,
Nom. Nova Gen. Dactylorhizae: 5 (1962)

GB: Narrow-leaved marsh orchid
IT: Orchide di Traunsteiner
FR: Orchis de Traunsteiner
CZ: Prstnatec Traunsteinerův
NL: Smalbladige orchis

Beschreibung Schlanke, mittelgroße bis hochwüchsige Pflanze, 20 bis 40 cm hoch. Stängel aufrecht, steif, dünn, markig, hellgrün, im oberen Teil meist stark purpurviolett überlaufen. Laubblätter den Stängel kurzscheidig umfassend, rinnig gefaltet, sehr lang zugespitzt, auf der Oberseite stark dunkel- bis schwarzviolett gefleckt, selten auch ungefleckt. Blütenstand schmal zylindrisch bis langgestreckt, locker und meist armblütig mit acht bis 20 Blüten. Blüten mittelgroß bis groß, purpur- bis rotviolett gefärbt. Lippe ebenso gefärbt, am Sporneingang und im Zentrum weißlich, rundlich eiförmig, etwa gleich breit wie lang, ziemlich flach ausgebreitet, dreilappig mit deutlich vorgezogenem, spitzem, vorgestrecktem Mittellappen. Malzeichnung ein dunkelrotes, meist doppeltes Schleifenmuster bildend, fast über die ganze Lippe verteilt und aus regelmäßigen kräftigen Linien, Strichen und Punkten bestehend. Sporn konisch, dick, waagerecht abstehend bis schräg abwärts gerichtet, etwa so lang wie der Fruchtknoten.

Blütezeit Ende Mai bis Mitte Juli.

Biotop Quellmoore und Streuwiesen mit einem Schwerpunkt in den Übergangsmooren.

Verbreitung Subalpine Lagen von Südostfrankreich, Schweiz, Österreich, Tschechien, Nordslowenien und Deutschland, vor allem auf der Nordseite der Alpen. Traunsteiners Knabenkraut ist in Deutschland selten und hat seinen Verbreitungsschwerpunkt im Alpenvorland und im Hochschwarzwald. Im Murnauer Moos kann die Art auch in Streuwiesen entlang des Moosrundwegs westlich des Ähndls entdeckt werden.

Habitus und Einzelblüte (rechte Seite) von Traunsteiners Knabenkraut.

Braunrote Ständelwurz

Epipactis atrorubens HOFFMANN ex BESSER

Basionym *Epipactis atrorubens* HOFFMANN ex BESSER,
    Prim. Fl. Galiciae austriac. 1 (2): 220, nr. 1091 (1809)

Synonym *Epipactis rubiginosa* (CRANTZ) W. D. J. KOCH,
    Icon. Fl. Germ. Helv. 2, 2: 801, Nr. 2 (1844)

GB: Dark-red helleborine
IT: Elleborina violacea
FR: Épipactis pourpre noirâtre
CZ: Kruštík tmavočervený
NL: Bruinrode wespenorchis

Beschreibung Schlanke, mittelgroße, oft hochwüchsige Pflanze, 20 bis 40 cm hoch, Stängel relativ dünn, oberwärts stark violett überlaufen, im Bereich der Infloreszenz dicht filzig und flaumig behaart. Laubblätter steif, vor allem in der unteren Hälfte des Stängels mehr oder weniger zweizeilig angeordnet. Blütenstand langgestreckt und reichblütig, bis 25 cm lang, mit zehn bis 40 Blüten locker besetzt, stark flaumig behaart, einseitswendig. Blüten langgestielt, mittelgroß, braunrot bis purpurrot (selten gelb), weit geöffnet, abstehend bis leicht herabhängend (nickend), stark nach Vanille duftend. Lippe zweigliedrig. Hypochil halbkugelig bis napfförmig, außen hellbraun bis gelblich grün, innen rotbraun bis dunkelviolett, nektarführend. Epichil breit herzförmig, breiter als lang, dunkelrot bis rotviolett, an der Basis mit zwei seitlichen Basalhöckern, am apikalen Teil meist zugespitzt und abwärts gebogen. Viscidium gut entwickelt und funktionstüchtig (allogam).

Blütezeit Anfang Juni bis Mitte Juli.

Biotop Offene, trockene Standorte mit kalkhaltigem Untergrund.

Verbreitung Fast ganz Europa. Im Werdenfelser Land generell häufig. Im Murnauer Moos werden die Standortansprüche nur an sehr wenigen Stellen erfüllt und die Art ist deswegen dort selten.

Habitus der Braunroten Ständelwurz und Einzelblüten (rechte Seite).

Breitblättrige Ständelwurz

Epipactis helleborine (L.) CRANTZ

Basionym *Serapias helleborine* L.,
    Sp. Pl. 2: 949 (1753) typ. cons.

Synonym *Epipactis helleborine* (L.) CRANTZ,
    Stirp. Austr. Fasc. ed. 2, 2 (6): 467, Nr. 5 (1769). (typ. cons

GB: Broad-leaved helleborine
IT: Elleborina commune
FR: Épipactis à larges feuilles
CZ: Kruštík širolistý
NL: Brede wespenorchis

Beschreibung Meist kräftige, schlanke, mittelgroße bis hochwüchsige Pflanze, 30 bis 60 cm hoch, äußerst vielgestaltig. Laubblätter zahlreich, etwa gleichmäßig am Stängel verteilt, vielnervig. Blütenstand meist reich- und dichtblütig, mehr oder weniger einseitswendig, langgestreckt bis verlängert mit 20 bis 100 mittelgroßen Blüten. Blüten hell- bis weißlich grün, meist rötlich oder purpurn überlaufen, mittelgroß, weit bis glockig geöffnet, waagrecht abstehend bis leicht nickend. Lippe zweigliedrig. Hypochil napfförmig, an den Rändern weißlich, innen dunkelbraun bis rötlich braun, nektarführend. Epichil

breit dreieckig bis herzförmig, Spitze anfangs vorgestreckt, später zurückgeschlagen, weißlich grün, hellrosa bis rötlich violett überlaufen, am Grund mit zwei relativ kräftigen, gekräuselten Höckern. Spalte zwischen Hypochil und Epichil schmal. Viscidium gut entwickelt und funktionstüchtig (allogam).

Blütezeit Anfang Juli bis Ende August.

Biotop Diese Art hat sich an verschiedenste Lebensräume angepasst: Laub- und Mischwälder, Nadelmischwälder, Gebüsche, Straßenböschungen. In dunklen Buchenwäldern kann sie aufgrund ihres Zusammenlebens mit Pilzpartnern genauso überleben, wie an offenen trockenen Gebüschsäumen.

Habitus der Breitblättrigen Ständelwurz und Einzelblüte (rechte Seite).

Verbreitung Fast ganz Europa bis nach Mittelsibirien und zum Himalaya. Die Breitblättrige Ständelwurz ist eine der häufigsten Orchideenarten Bayerns. Im Moos tritt sie an den verschiedensten Stellen auf (z. B. am Langen Filz).

Sumpf-Ständelwurz

Epipactis palustris (L.) CRANTZ

Basionym *Serapias helleborine* var. *palustris* L.,
Sp. Pl. 2: 950 (1753)

Synonym *Epipactis palustris* (L.) CRANTZ,
Stirp. Austr. Fasc. ed. 2, 2 (6): 462-463 (1769)

GB: Marsh helleborine
IT: Elleborina palustre
FR: Épipactis des marais
CZ: Kruštík bahenní
NL: Moeraswespenorchis

Beschreibung Schlanke, zierliche, mittelgroße, gelegentlich kräftige und hochwüchsige Pflanze, 15 bis 50 cm hoch. Stängel relativ dünn, im unteren Teil reich beblättert. Laubblätter rinnig gefaltet, stark längsrinnig genervt, eiförmig, zweizeilig angeordnet. Blütenstand locker- und meist reichblütig, allseitswendig, bis 30 cm lang und mit fünf bis 30 Blüten besetzt. Blüten groß, weit geöffnet, langgestielt, leicht herabhängend, ohne Duft. Lippe zweigliedrig, mit beweglicher Vorderlippe. Hypochil flach schüsselförmig, weißlich mit roten Adern, am Grund mit einem großen orangegelben Mittelstreifen. Epichil im Umriss rundlich, reinweiß, an den Rändern stark wellig gezähnelt, am Grund mit zwei hell- bis dottergelben Längsleisten, mit leicht abgebogener, stumpfer Spitze. Viscidium vorhanden und funktionstüchtig (allogam).

Blütezeit Mitte Juni bis Ende Juli.

Biotop Streuwiesen und Verlandungszonen.

Verbreitung Fast ganz Europa. Die Art war einst in ganz Deutschland weit verbreitet, hat aber in den letzten Jahrzehnten vor allem in Mittel- und Nordwestdeutschland große Arealverluste hinnehmen müssen. Im Murnauer Moos ist sie noch häufig und in vielen Streuwiesen zu finden.

Habitus und Einzelblüte (rechte Seite) der Sumpf-Ständelwurz.

Violette Ständelwurz

Epipactis purpurata J. E. Smith

Basionym *Epipactis purpurata* J. E. Smith,
Engl. Fl. ed. 1, 4: 41 & 42, nr. 2 (1828) nom. cons.

Synonym *Epipactis viridiflora* Hoffmann ex Krocker,
Fl. Siles. 3: 41, Nr. 1536 (1814)

GB: Violet helleborine
IT: Elleborina purpurea
FR: Épipactis pourpre
CZ: Kruštík modrofialový
NL: Paarse wespenorchis

Beschreibung Schlanke, hochwüchsige, kräftige Pflanze, 30 bis 60 cm hoch. Stängel dick, relativ steif, schmutziglila bis violett überlaufen, oft mit mehreren dicht beieinanderstehenden Blütentrieben. Laubblätter gewellt, rinnig gefaltet, stark geadert. Blütenstand reich- und dicht- bis lockerblütig, langgestreckt, fast einseitswendig angeordnet, ausladend, mit 20 bis 60 mittelgroßen bis großen Blüten. Blüten mit langgestieltem, spärlich kurz behaartem, spindelförmigem Fruchtknoten, hellgrün bis violettgrün, mittelgroß, seidenglänzend, glockig bis weit geöffnet, waagrecht abstehend bis leicht

herabhängend (nickend). Lippe zweigliedrig. Hypochil napfförmig, etwa gleich lang wie breit, innen hellgrün bis hellviolett, glänzend, nektarführend. Epichil herzförmig, wenig länger als breit, an der Spitze zurückgeschlagen, gezähnelt, weißlich und deutlich hellrosa überlaufen, an der Basis mit zwei rosafarbenen Basalhöckern. Viscidium funktionstüchtig (allogam).

Blütezeit Ende Juli und August.

Biotop Buchen-, Buchenmisch- und Laubmischwälder.

Verbreitung West- und Zentraleuropa. In Bayern Verbreitungsschwerpunkte in der Franken- und Schwäbischen Alb, im fränkischen Keuper-Lias-Land sowie im Inn-Chiemsee-Hügelland. Die Art tritt am nördlichen Murnauer Moosrand in den Wäldern des Faltenmolassezugs auf (z. B. nahe der Lourdesgrotte).

Habitus und Blütenportrait (rechte Seite) der Violetten Ständelwurz.

Mücken-Händelwurz

GB: Fragrant orchid
IT: Manina rosea
FR: Orchis moucheron
CZ: Pětiprstka žežulník
NL: Grote muggenorchis

Gymnadenia conopsea (L.) R. Brown
Basionym *Orchis conopsea* L., Sp. Pl. 2: 942, Nr. 13 (1753)
Synonym *Gymnadenia conopsea* (L.) R. Brown in W. T. Aiton,
   Hortus Kew. ed. 2 (5): 191, Nr. 1 (1813)

Beschreibung Schlanke, mittelgroße Pflanze, 30 bis 40 cm hoch. Stängel oberwärts kantig und meist violett überlaufen. Laubblätter ungefleckt, lang zugespitzt, rinnig gefaltet. Blütenstand zylindrisch bis langgestreckt, allseitswendig, überwiegend locker bis dicht- und reichblütig, mit 20 bis 80 Blüten. Blüten ziemlich klein, hellrosa bis rotviolett, selten reinweiß, stark nach Vanille duftend. Seitliche Sepalen breit lanzettlich bis lanzettlich, stumpf, waagrecht abstehend bis schräg nach unten gerichtet; das mittlere Sepalum kürzer als die beiden seitlichen Sepalen und mit den Petalen helmförmig zusammen-

neigend. Lippe stark dreilappig mit meist vorgezogenem Mittellappen, breiter als lang, nach außen verbreitet, hell- bis dunkelrosa oder rotviolett. Mittellappen ohne Zeichnung, am Grund weiß bis hellrosa. Seitenlappen gleich lang oder etwas kürzer als der Mittellappen, breit eiförmig. Sporn sehr dünn und lang, abwärts gebogen, eineinhalb mal bis doppelt so lang wie der Fruchtknoten.

Blütezeit Mitte bis Ende Juni.

Biotop Halbtrocken- und Kalkmagerrasen, Borstgrasrasen sowie auch feuchte, ungedüngte einmahdige Wiesen.

Verbreitung Fast ganz Europa, im Mittelmeerraum selten. Die Art ist im Murnauer Moos häufig (z. B. am Heumoosberg).

Habitus und Einzelblüten (rechte Seite) der Mücken-Händelwurz. Blütenalbinos (rechts oben) sind selten.

Wohlriechende Händelwurz

Gymnadenia odoratissima (L.) L. C. M. RICHARD

Basionym *Orchis odoratissima* L.,
Syst. Nat. ed. 10, 2: 1243 (1759).

Synonym *Gymnadenia odoratissima* (L.) L. C. M. RICHARD,
De Orchid. Eur.: 35 (1817)

GB: Short-spurred fragrant orchid
IT: Manina profumata
FR: Orchis odorant
CZ: Pětiprstka vonná
NL: Welriekende muggenorchis

Beschreibung Zierliche, schlanke, mittelgroße Pflanze, 20 bis 40 cm hoch. Stängel oberwärts kantig, meist violett überlaufen, am Grund mit einem Schuppenblatt. Laubblätter grün, ungefleckt, lang zugespitzt, stark rinnig gefaltet. Blütenstand schmal zylindrisch bis langgestreckt, allseitswendig, relativ locker- und reichblütig, mit 20 bis 60 Blüten besetzt. Tragblätter hellgrün, bisweilen schwach violett überlaufen, krautig, lang zugespitzt. Blüten klein, hellrosa bis hellrot, selten violettrot oder weißlich rosa oder reinweiß, intensiv nach Vanille duftend. Lippe dreilappig, mit vorgezogenem Mittellappen,

breiter als lang, abgerundet, hellrosa bis rotviolett. Mittellappen ohne Zeichnung, am Grund oft hellrosa. Seitenlappen etwas kürzer als der Mittellappen, breit eiförmig, abgerundet. Sporn relativ dick, zylindrisch, abwärts gerichtet, etwa so lang wie oder etwas kürzer als der Fruchtknoten.

Blütezeit Mitte Juni bis Mitte Juli, relativ spät blühende Sippe.

Biotop Kalkmager- und Halbtrockenrasen sowie vereinzelt in Streuwiesen.

Verbreitung Große Teile Nord- und Mitteleuropas. Die Wohlriechende Händelwurz ist in Bayern vor allem im Gebirge verbreitet, kommt jedoch auch im Vorland noch in Flussauen und extensiv genutzten, nährstoffarmen, feuchten und trockenen Wiesen vor. Alle deutschen Reliktvor-

Habitus und Einzelblüten (rechte Seite) der Wohlriechenden Händelwurz.

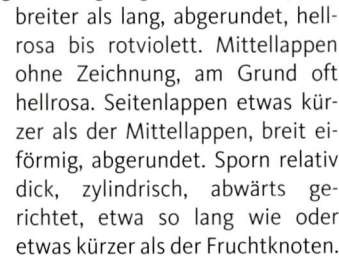

kommen nördlich der Mittelgebirge sind inzwischen erloschen. Bayern hat eine besondere Verantwortung für die Erhaltung der Art in Deutschland. Im Murnauer Moos ist die Art auf sehr wenige Fundorte in trockenen Wiesen und auf wenige Streuwiesen beschränkt (z. B. bei Hechendorf).

Sumpf-Weichwurz

Hammarbya paludosa (L.) O. KUNTZE

Basionym *Ophrys paludosa* L., Sp. Pl. 2: 947 (1753)

Synonym *Hammarbya paludosa* (L.) O. KUNTZE,
Rev. Gen. Pl. 2: 665 (1891)

GB: Bog adder's-mouth orchid
IT: Malaxis paludosa
FR: Malaxis des marais
CZ: Měkkyně bažinná
NL: Veenmosorchis

Beschreibung Sehr schlanke, kleine, unauffällige, zierliche Pflanze, 5 bis 10 cm hoch. Stängel aufrecht, sehr dünn, kahl. Laubblätter am Grund des Stängels angeordnet, am oberen Rand mit kleinen Brutknospen, darunter die oberirdische Scheinknolle. Blütenstand zylindrisch bis langgestreckt, allseitswendig, sehr locker- und vielblütig mit zehn bis 35 Blüten. Tragblätter winzig, spitz, lanzettlich bis länglich-lanzettlich, lang zugespitzt, hellgrün bis gelblich grün, aufwärts gerichtet, etwa so lang wie der Stiel des Fruchtknotens und diesem dicht anliegend. Blüten sehr klein, locker angeordnet, hellgrün bis gelblich grün, steil aufwärts gerichtet und dem Stängel dicht anliegend. Fruchtknoten um 360° gedreht, wodurch die Lippe nach oben weist. Perigon-

blätter hellgrün bis gelblich grün, nach außen gerichtet. Lippe sehr klein, gelblich grün bis blassgrün, spitz eiförmig, nach oben gerichtet, mit mehreren hellgrünen Längsstreifen, das Säulchen umhüllend, nektarführend. Sporn fehlt.

Blütezeit Mitte Juli bis Mitte August.

Biotop Hoch- und Zwischenmoore (in Torfmoospolstern).

Verbreitung Fast ganz Europa mit Ausnahme des Mittelmeerraumes. Die konkurrenzschwache Art ist in Deutschland sehr selten und stark durch Trockenlegung, Tritt und Veränderung des kleinräumigen Lebensraumes und Stickstoffeintrag aus der Luft gefährdet. Im Murnauer Moos gibt es wenige Vorkommen in Hochmooren, die aus Artenschutzgründen nicht aufgesucht werden sollten.

Habitus und Einzelblüten (rechte Seite) der Sumpf-Weichwurz.

Honigorchis

Herminium monorchis (L.) R. Brown

Basionym *Ophrys monorchis* L., Sp. Pl. 2: 947 & 948 (1753)

Synonym *Herminium monorchis* (L.) R. Brown in W. T. Aiton,
Hortus Kew. ed. 2, 5: 191 (1813)

GB: Musk orchid
IT: Orchide ad un bulbo
FR: Orchis musc
CZ: Toříček jednohlízný
NL: Honingorchis

Beschreibung Schlanke, ziemlich kleine, zierliche Pflanze, 10 bis 15 cm hoch. Stängel aufrecht, sehr dünn, oberwärts kantig. Laubblätter hauptsächlich am Grund des Stängels angeordnet, rinnig gefaltet, lang zugespitzt. Blütenstand zylindrisch bis langgestreckt, allseitswendig, locker- bis dichtblütig, meist sehr reichblütig, 10 bis 40 Blüten, selten besonders vielblütig, bis zu hundert Blüten. Tragblätter eiförmig-lanzettlich bis dreieckig-lanzettlich, krautig, lang zugespitzt, hellgrün, schräg aufwärts gerichtet, etwa so lang wie der Fruchtknoten und diesem dicht anliegend. Blüten sehr klein, gelblich grün bis blassgelb, nickend, intensiv nach Honig duftend, waagrecht vom Blütenstand abstehend bis schräg abwärts gerichtet (nickend). Perigonblätter glockig zusammenneigend, an den Spitzen aufwärts gebogen. Seitliche Sepalen schief eiförmig-lanzettlich, hellgrün, stumpf bis kurz zugespitzt; das mittlere etwas schmaler und breiter und mit den beiden Petalen glockenförmig zusammenneigend. Lippe sehr klein, schräg abwärts gerichtet, dreilappig mit spitz verlängertem, vorwärts gestrecktem Mittellappen und linealischen, kürzeren Seitenlappen, an der Basis mit einer vertieften Nektarrinne. Sporn fehlt.

Blütezeit Ende Juni bis Mitte Juli.

Biotop Im Murnauer Moos vor allem in schwachwüchsigen Streuwiesen, an Straßenrändern. Sonst im Werdenfelser Land auch in Halbtrockenrasen.

Habitus und Blütenstand (rechte Seite) der Honigorchis.

Verbreitung Skandinavien bis zum Mittelmeer. In großen Teilen Deutschlands ist sie stark rückläufig, sodass der deutsche Vorkommensschwerpunkt in Südbayern liegt. An der Straße zwischen Eschenlohe und Schwaigen (Höhe Apfelbichl) kommt sie am Straßenrand vor.

Kleines Knabenkraut

Herorchis morio (L.) D. Tyteca & E. Klein
Basionym *Orchis morio* L., Sp. Pl. 2: 940 (1753)
Synonym *Herorchis morio* (L.) D. Tyteca & E. Klein,
J. Eur. Orch. 40 (3): 541 (2008)

GB: Green-winged orchid
IT: Orchide minore
FR: Orchis bouffon
CZ: Vstavač kukačka
NL: Harlekijn

Beschreibung Robuste, niedrige Pflanze, 10 bis 20 cm hoch. Stängel kräftig, im oberen Teil meist stark purpurviolett überlaufen. Laubblätter am Grund rosettig angeordnet, ungefleckt. Blütenstand kurz zylindrisch bis eiförmig, breit ausladend, relativ armblütig mit zehn bis 20 relativ locker angeordneten Blüten. Blüten mittelgroß, meist hellrosa bis dunkelrot, oft auch intensiv violett oder reinweiß. Lippe mittelgroß, hellrosa bis dunkelrot, violett, purpurrot oder reinweiß bis weißlich grün, schwach dreilappig mit leicht vorgezogenem Mittellappen. Seitenlappen gezähnelt bis ausgerandet, ausgebreitet bis zurückgeschlagen, meist etwas kürzer und schmaler als der Mittellappen. Lippenbasis weißlich, mit großen rotvioletten Flecken oder kurzen Strichen (Saftmalen) besetzt. Lippenränder oft dunkelrosa überlaufen, bisweilen intensiv violett. Sporn zylindrisch, waagrecht oder leicht aufwärts gebogen, am Ende meist verbreitert und eingebuchtet, etwas kürzer als der Fruchtknoten.

Blütezeit Anfang April bis Mitte Mai, frühblühende Sippe.

Biotop Das Kleine Knabenkraut bevorzugt extensiv bewirtschaftete Wiesen und Weiden auf etwas nährstoffreicheren Standorten. Die Wiesen können sowohl feucht als auch trocken sein.

Verbreitung Fast ganz Europa. Die Art ist aufgrund der allgemeinen Intensivierung der Landwirtschaft in ganz Deutschland stark zurückgegangen. Im Murnauer Moos ist sie noch relativ häufig (z. B. bei Weghaus und am Heumoosberg).

Habitus und Blütenstand (rechte Seite) des Kleinen Knabenkrauts.

Sumpf-Glanzkraut

Liparis loeselii (L.) L. C. M. RICHARD

Basionym *Ophrys loeselii* L., Sp. Pl. 2: 947, nr. 8 (1753)

Synonym *Liparis loeselii* (L.) L. C. M. RICHARD,
De Orchid. Eur.: 38, Tafel 10 (1817)

GB: Fen orchid
IT: Liparide
FR: Liparis de Loesele
CZ: Hlízovec Loeselův
NL: Groenknolorchis

Beschreibung Schlanke, unscheinbare und zierliche Pflanze, 10 bis 25 cm hoch. Am Blattgrund von zwei Blattscheiden umgebene, ziemlich große Scheinknolle. Stängel aufrecht, sehr dünn, kahl, blattlos. Laubblätter (meist zwei) am Grund des Stängels angeordnet mit kapuzenförmiger Spitze, fast gegenständig angeordnet, fettig glänzend (daher der Name). Blütenstand ziemlich kurz, zylindrisch bis eiförmig, allseitswendig, breit ausladend, locker- und meist armblütig mit zwei bis 16 Blüten. Blüten klein, gelblich grün bis blassgrün, schräg aufwärts gerichtet, weit vom Stängel abstehend, scheinbar um Bestäuber anzulocken, dagegen Selbstbestäubung begünstigt durch Regentropfen. Petalen fadenförmig, zur Seite abstehend, waagrecht abstehend oder leicht nach oben gebogen, am Ende stumpf. Lippe breit zungenförmig (länglich-eiförmig), durch unvollständige Drehung meist nach oben gerichtet, rinnig, von einer schmalen Basis aus verbreitert, rechtwinklig nach unten gebogen, längsrinnig, an den Seitenrändern aufwärts gebogen, am Rande gekerbt, nektarführend.

Blütezeit Mitte Juni bis Anfang Juli.

Biotop Im Murnauer Moos in nassen kalkhaltigen Streuwiesen und Quellmooren.

Verbreitung Fast ganz Europa. In Deutschland gibt es zwei Schwerpunktgebiete: Neben den süddeutschen Vorkommen kann die Art auch in Brandenburg noch an einer größeren Anzahl Wuchsorten angetroffen werden. Das Sumpf-Glanzkraut ist gemäß des Anhangs IV der Flora-Fauna-Habitat-Richtlinie (FFH-Richtlinie) besonders streng geschützt.

Habitus und Blütenstand (rechte Seite) des Sumpf-Glanzkrauts.

Kleines Zweiblatt

Listera cordata (L.) R. Brown

Basionym *Ophrys cordata* L., Sp. Pl. 2: 946, nr. 6 (1753).

Synonym *Listera cordata* (L.) R. Brown in W. T. Aiton,
Hortus Kew. ed. 2, 5: 201, Nr. 2 (1813).

GB: Lesser twayblade
IT: Listera minore
FR: Listère en coeur
CZ: Bradáček srdčitý
NL: Kleine keverorchis

Beschreibung Zarte, zierliche und unscheinbare Pflanze, 5 bis 20 cm hoch, mit zwei sehr kleinen (10 bis 25 mm) gegenüberstehenden Laubblättern. Stängel sehr dünn, fast kahl. Laubblätter zwei (sehr selten drei), sehr klein, breit herzförmig bis eiförmig, fast gegenständig angeordnet, waagrecht abstehend, oberseits meist glänzend, stark genervt. Blütenstand kurz bis zylindrisch, allseitswendig, ziemlich locker mit etwa vier bis 16 Blüten. Tragblätter dreieckig bis dreieckig-eiförmig, grün, schräg aufwärts gerichtet, etwa ein Drittel bis halb so lang wie der Fruchtknoten und diesem sehr dicht anliegend.

Blüten sehr klein (6 bis 7 mm), grünlich, grünlich braun, bräunlich, rotbraun bis rötlich, selten gelblich. Lippe keilförmig, grünlich, rotbraun bis rötlich, in der unteren Hälfte tief zweispaltig mit zwei spitzen, auseinanderspreizenden, schmal-lanzettlichen Zipfeln, am Grund beiderseits mit einem hornförmigen Zahn versehen.

Blütezeit Mai bis Juni.

Biotop Bodensaure, nährstoffarme Fichten- und Tannenwälder.

Verbreitung Nord- und Mitteleuropa. Im Murnauer Moos gibt es einen Fund zweier Individuen südlich des Langen Filzes (1986).

Habitus und Blütenstand (rechte Seite) des Kleinen Zweiblatts.

Großes Zweiblatt

Listera ovata (L.) R. Brown

Basionym *Ophrys ovata* L., Sp. Pl. 2: 946, nr. 5 (1753)

Synonym *Listera ovata* (L.) R. Brown in W. T. Aiton,
Hortus Kew. ed. 2, 5: 201, Nr. 1 (1813)

GB: Common twayblade
IT: Listera maggiore
FR: Listère à feuilles ovales
CZ: Bradáček vejčitý
NL: Grote keverorchis

Beschreibung Schlanke, meist hochwüchsige und ziemlich kräftige Pflanze, 30 bis 50 cm hoch. Stängel relativ dick, im oberen Bereich dicht drüsig behaart. Laubblätter meist zwei, ziemlich groß und etwa gleich groß, breit eiförmig bis eiförmig, fast gegenständig. Blütenstand gestreckt, viel- und lockerblütig, nach oben meist dichtblütig, allseitswendig, mit 15 bis 70 Blüten besetzt. Tragblätter sehr klein, dreieckig-eiförmig, zugespitzt, krautig, hellgrün bis gelblich grün, etwa halb so lang wie der Fruchtknoten. Blüten klein, fast senkrecht abstehend, grünlich, grünlichgelb bis gelblich. Lippe lanzettlich, abwärts gerichtet, hellgrün bis grünlich gelb oder gelblich, an den Rändern meist von einer sehr schmalen gelblichen Zone überhaucht, relativ schmal und lang, in der unteren Hälfte tief zweispaltig mit zwei weit vorgezogenen, abgerundeten bis stumpfen Seitenlappen, in der Mitte mit einer dunkelgrünen, kräftigen Längsschwiele mit glänzenden Nektartropfen.

Blütezeit Mitte Mai bis Mitte Juli.

Biotop Laub-, Misch- und Nadelwälder, Extensivwiesen, Halbtrockenrasen.

Verbreitung Fast ganz Europa. Im Murnauer Moos in verschiedensten Lebensräumen anzutreffen.

Habitus und Einzelblüte (rechte Seite) des Großen Zweiblatts.

Bereits im zeitigen Frühjahr ist das Große Zweiblatt leicht zu erkennen.

Kleinblütiges Einblatt

Malaxis monophyllos (L.) Swartz 1800

Basionym *Ophrys monophyllos* L., Sp. Pl. 2: 947 (1753).

Synonym *Malaxis monophyllos* (L.) Swartz,
Kongl. Vetensk. Acad. Nya Handl. 21: 234 (1800).

GB: White adder's mouth
IT: Microstile
FR: Malaxis à une feuille
CZ: Měkčilka jednolistá
NL: Eenblad

Beschreibung Schlanke, sehr zierliche Pflanze, 10 bis 30 cm hoch. Stängel sehr dünn, kahl, hellgrün bis gelblich grün, im oberen Bereich leicht kantig. Laubblatt grundständig (normalerweise eins, selten zwei), eiförmig bis eiförmig-lanzettlich, langscheidig, waagrecht abstehend bis schräg aufwärts gerichtet, grün bis hellgrün, oft mit einem Mittelnerv. Wenn vorhanden, ist das zweite Laubblatt viel kleiner und fast gegenständig angeordnet. Blütenstand zylindrisch bis langgestreckt, oft sehr langgestreckt und etwa die Hälfte bis zwei Drittel der Pflanze einnehmend, viel- und dichtblütig mit 10 bis 40 locker angeordneten Blüten. Tragblätter sehr klein, hellgrün, dreieckig-lanzettlich bis schmal-lanzettlich, kurz zugespitzt, häutig, etwa halb so lang wie der Fruchtknoten und diesem sehr eng anliegend. Fruchtknoten um 360° gedreht, wodurch die Blüte nach oben zeigt. Blüten sehr klein, hellgrün, grün bis gelblich grün, abwärts gerichtet oder schräg rückwärts zum Stängel gebogen. Perigonblätter abstehend und einen lockeren offenen Helm bildend, hellgrün bis gelblich grün. Seitliche Sepalen breit-lanzettlich bis lanzettlich, schräg nach oben gerichtet, kurz zugespitzt; das mittlere meist etwas schmaler und länger, abwärts gerichtet, lang zugespitzt. Petalen linealisch-lanzettlich, fadenförmig, seitlich abstehend bis herabhängend. Lippe hellgrün bis gelblich grün, breitherzförmig-lanzettlich, lang zugespitzt, nach oben gerichtet, an der Basis schüsselförmig mit einwärts gebogenen seitlichen Rändern, gefüllt mit Nektar. Sporn fehlt.

Habitus und Blütenstand (rechte Seite) des Kleinblütigen Einblatts.

Blütezeit Mitte Juni bis Juli.

Biotop Die Art bevorzugt Quellwiesen, kräuterreiche Bergwiesen, Waldränder und lichte, feuchte Wälder.

Verbreitung Nord- und Mitteleuropa, Alaska. 1986 im zentralen Murnauer Moos nachgewiesen. Keine aktuellen Funde.

Vogel-Nestwurz

Neottia nidus-avis (L.) L. C. M. RICHARD

Basionym *Ophrys nidus-avis* L., Sp. Pl. 2: 945, nr. 1 (1753).

Synonym *Neottia nidus-avis* (L.) L. C. M. RICHARD,
De Orchid. Eur.: 37, Nr. 1 (1817)

GB: Bird's-nest orchid
IT: Nido d'uccello
FR: Néottie nid d'oiseau
CZ: Hlístník hnízdák
NL: Vogelnestje

Beschreibung Ziemlich kräftige Pflanze, 15 bis 30 cm hoch. Stängel dick und kräftig, gerillt, kahl, meist einheitlich blass gelblich braun bis dunkelbraun. Laubblätter fehlend, nur mit wenigen lanzettlichen, scheidenförmigen, chlorophyllfreien, weißlichen, hell- bis dunkelbraunen Schuppenblättern ausgebildet. Nährstoffversorgung über Pilzpartner. Blütenstand zylindrisch bis verlängert, locker bis dicht- und reichblütig, vor allem im unteren Bereich sehr lockerblütig, wobei die unterste Blüte oft weit unten am Stängel angeordnet ist, zehn bis 50 Blüten. Tragblätter lanzettlich bis schmal-lanzettlich, fleischig, hell- bis gelblich braun, lang zugespitzt, stark eingerollt, schräg aufwärts gerichtet, etwa halb so lang wie der Fruchtknoten. Blüten mittelgroß, schräg von der Blütenstandsachse abstehend, hell-, dunkel- oder gelblich braun, selten reinweiß oder schwefelgelb, nach Honig duftend. Lippe vorgestreckt, am Grund mit nektarführender Vertiefung, an der Spitze tief zweilappig mit zwei seitlichen, abgerundeten, oft gezähnelten, spreizenden, schräg abstehenden Lappen.

Blütezeit Mitte Mai bis Ende Juni.

Biotop Dunkle Buchen- und Laubmischwälder, Nadelwald. Sie ist dank der Pilzpartner nicht auf Sonnenlicht angewiesen.

Verbreitung Fast ganz Europa. Im Murnauer Moos in verschiedenen Waldtypen. Sogar in einer dunklen Fichtenmonokultur westlich des Heumoosbergs kann die Art überleben.

Habitus und Einzelblüte (rechte Seite) der Vogel-Nestwurz.

Alte Herbarbelege der Vogelnestwurz im „Erbario pedemontanum" (Turin, Italien) zeigen, dass *Neottia nidus-avis* bereits zu den Ständelwurz- (*Epipactis*) und Ragwurz-Arten (*Ophrys*) gestellt wurde.

Brand-Knabenkraut

Odontorchis ustulata (L.) D. TYTECA & E. KLEIN

Basionym *Orchis ustulata* L., Sp. Pl. 2: 941 (1753).

Synonym *Odontorchis ustulata* (L.) D. TYTECA & E. KLEIN,
J. Eur. Orch. 40 (3): 544 (2008)

GB: Burnt orchid
IT: Orchide bruciacchiata
FR: Orchis brûlé
CZ: Vstavač osmahlý
NL: Aangebrande orchis

Beschreibung Mittelgroße, schlanke, relativ kräftige Pflanze, 15 bis 25 cm hoch. Stängel aufrecht mit zwei bis vier scheidigen Schuppenblättern. Laubblätter ungefleckt; die unteren eine Grundrosette bildend. Blütenstand anfangs pyramiden- bis kegelförmig, mit schwarz- bis rötlich braunen Blütenknospen, später zylindrisch bis verlängert und lockerblütiger, reich- und dichtblütig mit zehn bis 40 Blüten besetzt. Blüten sehr klein, schräg von der Blütenstandsachse abstehend, hell- bis dunkelrot, nach Honig duftend. Lippe tief dreilappig mit zweispaltigem, vorgestrecktem Mittellappen, flach ausgebreitet, an den Rändern leicht aufwärts gebogen, fast reinweiß bis hellrosa

mit kleinen bis mittelgroßen, dunkel- bis weinroten Punkten oder Flecken besetzt. Seitenlappen schmaler als der Mittellappen, an den Rändern schwach gezähnelt und oft leicht aufwärts gebogen. Sporn zylindrisch bis kegelförmig, stumpf, abwärts gebogen, etwa ein Drittel bis ein Viertel so lang wie der Fruchtknoten.

Blütezeit Mitte Mai bis Mitte Juni.

Biotop Trockene, extensiv genutzte, nährstoffarme Wiesen, selten auch in mageren Feuchtwiesen.

Verbreitung Fast in ganz Europa. Das Brand-Knabenkraut ist im Murnauer Moos sehr selten (z. B. am Heumoosberg und bei Hechendorf).

Habitus und Blütenstand (rechte Seite) des Brand-Knabenkrauts.

Bienen-Ragwurz

Ophrys apifera Hudson

Basionym *Orchis apifera* Hudson, Fl. Angl.: 340 (1762)

GB: Bee orchid
IT: Vesparia
FR: Ophrys abeille
CZ: Toříč včelonosný
NL: Bijenorchis

Beschreibung Mittelgroße, robuste Pflanze, 15 bis 45 cm hoch. Stängel kräftig, rundlich. Laubblätter meist mit deutlichen Blattnerven. Blütenstand locker bis langgestreckt, mehr oder weniger einseitswendig, überwiegend reichblütig mit vier bis zwölf Blüten. Blüten mittelgroß. Sepalen ausgebreitet, hellrosa bis rotviolett. Petalen sehr kurz, spitz, hellgrün, gelblich grün oder gelblich weiß. Lippe mittelgroß, rechteckig bis breit oval oder elliptisch, im oberen Bereich tief dreilappig, kastanienbraun, dunkel- oder rötlich braun, oberwärts schwach gehöckert. Mittellappen bauchig gewölbt mit stark zurückgeschlagenen Seitenrändern, kahl. Höcker kurz, stumpf. Malzeichnung

großflächig und fast über die ganze Lippe verteilt, braunviolett mit gelblich grüner oder gelblich weißer Umrandung, im äußeren (apikalen) Bereich zusätzlich mit zwei verschwommenen, breiten, hellgelben Balken oder Flecken. Basalfeld sehr groß, hellorange bis rehbraun mit gelblicher Umrandung. Anhängsel sehr klein, winzig, gelblich grün, zurückgeschlagen.

Blütezeit Juni bis Anfang Juli.

Biotop Halbtrocken- und Kalkmagerrasen.

Verbreitung Fast ganz Europa, mit Ausnahme des hohen Nordens. Selten im Murnauer Moos. Auf dem relativ trockenen Heumoosberg, im Umfeld des Moosbergsees sowie auf einer loisachnahen Wiese wurde sie unbeständig nachgewiesen.

Habitus und Einzelblüte (rechte Seite) der Bienen-Ragwurz.

Die erotische Verführung der Ragwurz-Arten

Alle Ragwurz-Arten besitzen spektakuläre Blüten, die dem Zweck dienen, ihre Bestäuber zu täuschen. Sie ähneln ihren Bestäuberarten nicht nur äußerlich, sondern verströmen auch noch die spezifischen Sexuallockstoffe (Pheromone), um Bienen anzulocken. Die Bienen versuchen, mit der Blüte zu kopulieren und bekommen dabei ein oder zwei Pollenpakete auf den Kopf geklebt. Beim nächsten Versuch, eine Blüte „zu begatten", wird die Ragwurz-Art bestäubt. Ragwurz-Arten sind Meister der sexuellen Verführung ihrer Bestäuber und ein Meisterstück der Evolution!

Fliegen-Ragwurz   Bienen-Ragwurz   Hummel-Ragwurz

Hummel-Ragwurz

Ophrys holosericea (N. L. Burman) Greuter

Basionym *Orchis holoserica* N. L. Burman, Nova Acta Acad.
Leop.-Carol. German. Nat. Cur. 4 (App.): 237 (1770)

Synonym *Ophrys holosericea* N. L. Burman,
Boissiera 13: 185 (1967) („holoserica")

GB: Late spider-orchid
IT: Fior bombo
FR: Ophrys bourdon
CZ: Toříč čmelákovitý
NL: Hommelorchis

Beschreibung Relativ kräftige und mittelgroße Pflanze, 10 bis 25 cm hoch. Stängel kräftig. Laubblätter mit deutlichen Blattnerven, die unteren in einer Grundrosette, rinnig. Blütenstand relativ locker und langgestreckt, mehr oder weniger einseitswendig mit drei bis acht Blüten. Blüten mittelgroß. Sepalen weißlich, weißlich grün, hell- bis dunkelrosa oder rotviolett. Lippe mittelgroß, trapezförmig bis breit oval, schwach gewölbt, schwach gehöckert, ungeteilt, sehr selten schwach dreilappig, dunkelbraun bis rötlich braun, an den ausgebreiteten und kaum zurückgeschlagenen Rändern meist kurz samtig behaart, an den Schultern meist stärker behaart. Malzeichnung vor allem in der

oberen Lippenhälfte verteilt, nicht selten auch über fast die gesamte Lippe verteilt, sehr variabel und reich gegliedert mit mehreren horizontalen und vertikalen Verzweigungen oder von einfacher H- oder X-förmiger Gestalt, bräunlich bis violettbraun mit gelblich weißer oder gelblicher Umrandung. Anhängsel ziemlich breit, mehrzipfelig, gelblich grün, vorwärts bis aufwärts gerichtet. Basalfeld dunkelbraun bis orangefarben, meist gelblich weiß umrandet.

Blütezeit Mitte Mai bis Mitte Juni.

Biotop Halbtrocken- und Kalkmagerrasen.

Verbreitung Mittel- und Südeuropa. Zahlreiche Unterarten und Varietäten werden unterschieden. In Südbayern kommt sie vor allem entlang der Flüsse auf Flussdämmen und in trockenen

Einzelblüte und Habitus (rechte Seite) der Hummel-Ragwurz.

Bereichen der Auen vor. Auch im Murnauer Moos gab es im Bereich eines
ehemaligen Altarms der Loisach und am Heumoosberg alte Nachweise. In
den letzten Jahren ist die Art im Murnauer Moos jedoch verschollen.

Fliegen-Ragwurz

Ophrys insectifera L.

Basionym *Ophrys insectifera* L., Sp. Pl. 2: 948 (1753).

Synonym *Ophrys muscifera* Hudson, Fl. Angl. ed. 1: 340 (1762).
– *Ophrys muscaria* Pallas, Reise, Russ. Reich. 2: 172 (1801)

GB: Fly orchid
IT: Moscaria
FR: Ophrys mouche
CZ: Toříč hmyzonosný
NL: Vliegenorchis

Beschreibung Schlanke, hochwüchsige Pflanze, 20 bis 50 cm hoch. Stängel dünn, hellgrün. Laubblätter im unteren Drittel der Pflanze gedrängt, schwach rinnig gefaltet. Blütenstand sehr locker bis langgestreckt, schmal wirkend, fast einseitswendig und dicht am Stängel angeordnet, mit zwei bis 15 Blüten. Tragblätter hellgrün, schmal-lanzettlich, zugespitzt; die unteren etwa doppelt so lang wie der Fruchtknoten, die oberen etwa so lang wie dieser. Blüten klein, senkrecht von der Blütenstandsachse abstehend, in Form und Farbe ähnlich wie ein Insekt mit Fühlern. Petalen linealisch-lanzettlich, dunkelbraun bis schwarzpurpurn, an den Rändern behaart. Lippe klein, verlängert trapez-

förmig, länger als breit, ziemlich flach bis schwach konvex, schräg abstehend, im oberen Bereich stark dreilappig mit tief eingebuchtetem, zweispaltigem Mittellappen, braunrot bis dunkelbraun, ungehöckert. Seitenlappen kurz zugespitzt, schräg abwärts gerichtet. Lippenrand dunkelrotbraun. Mal im Zentrum der Lippe ausgedehnt und aus einem variablen, blaugrauen bis bläulichen, selten weißlichen (bei hellgrüner Lippe), quadratischen Fleck bestehend.

Blütezeit Anfang Mai bis Anfang Juni.

Biotop Halbtrockenrasen, Gebüsch- und Waldränder, trockenere Streuwiesen, lichter Kiefernwald.

Verbreitung Westeuropa bis Nordgriechenland. Im Murnauer Moos sehr selten mit Einzelnachweisen an verschiedenen Stellen.

Habitus und Einzelblüte (rechte Seite) der Fliegen-Ragwurz.

Stattliches Knabenkraut

Orchis mascula (L.) L.

Basionym *Orchis morio* var. *mascula* L.,
Sp. Pl. 2: 941 (1753)

Synonym *Orchis mascula* (L.) L.,
Fl. Suec. ed. 2: 310 (1755)

GB: Early purple orchid
IT: Orchide maschia
FR: Orchis mâle
CZ: Vstavač mužský znamenaný
NL: Mannetjesorchis

Beschreibung Mittelgroße, schlanke Pflanze, 20 bis 50 cm hoch. Stängel kräftig, oberwärts rotviolett überlaufen. Laubblätter dunkelgrün mit großen, braunschwarzen bis purpurroten Flecken, bisweilen punktförmig gesprenkelt, leicht bis stark glänzend. Blütenstand zylindrisch bis langgestreckt, allseitswendig, locker- und relativ reichblütig mit zehn bis 35 Blüten besetzt. Blüten mittelgroß, hellrosa, rosaviolett bis purpurrot. Sepalen schief-eiförmig bis eiförmig-lanzettlich. Lippe im unteren Teil stark dreilappig mit vorgezogenem, schwach zweigeteiltem Mittellappen. Seitenlappen kürzer als der Mittellappen, abgerundet, an den Rändern grob gekerbt bis gezähnelt, flach ausgebreitet bis zurückgeschlagen. Lippe am Sporneingang und im zentralen Teil weißlich bis hellrosa und mit rotvioletten Punkten, kurzen Strichen oder Flecken besetzt. Sporn zylindrisch, schräg aufwärts gerichtet, am Ende stumpf, etwa so lang wie der Fruchtknoten.

Blütezeit Mitte April bis Mitte Mai, die am frühesten blühende Orchideenart im Murnauer Moos.

Biotop Lichter Laubmischwald, Halbtrockenrasen.

Verbreitung Große Teile Europas, wobei sie im Osten ein stark zersplittertes Areal hat. Im Murnauer Moos gibt es nur wenige, aber zum Teil individuenstarke Wuchsorte im Laubmischwald der Köchel und sporadisch an weiteren Waldrändern. Die im Murnauer Moos vorkommende Unterart ist sonst in den Alpen und bis in den nördlichen Balkan verbreitet.

Habitus und Blütenstand (rechte Seite) des Stattlichen Knabenkrauts an einem typischen Standort im Buchenwald.

Helm-Knabenkraut

Orchis militaris L.

Basionym *Orchis militaris* L., Sp. Pl. 2: 941 (1753)

Synonym *Orchis militaris* var. *tenuifrons* P. D. SELL
in P. D. SELL & G. MURRELL, Flora Great.
Britain & Ireland 5: 365 (1996, publ. 1997)

GB: Military orchid
IT: Orchide militare
FR: Orchis guerrier
CZ: Vstavač vojenský
NL: Soldaatje

Beschreibung Stattliche, mittelgroße Pflanze, 30 bis 60 cm hoch. Stängel kräftig, im oberen Teil manchmal purpurn überlaufen. Laubblätter stark rinnig gefaltet, ungefleckt, glänzend. Blütenstand zylindrisch bis eiförmig, breit ausladend, reich- und relativ dichtblütig mit 20 bis 60 Blüten. Blüten mittelgroß. Perigonblätter einen geschlossenen Helm bildend, blassrosa bis aschgrau, auf der Innenseite entlang der Nerven purpurn bis violettrot gestreift. Lippe mittelgroß, langgestreckt, horizontal vorgestreckt, tief dreilappig mit zweispaltigem Mittellappen, blassviolett bis hellrosa, am apikalen Teil purpurviolett. Mittellappen tief zweispaltig, weißlich bis hellrosa, im Zentrum dicht

mit purpurroten Haarbüscheln (Papillen) besetzt. Seitenlappen schmal-lanzettlich, viel kürzer und schmaler als der Mittellappen, abgerundet, an den Rändern meist stark dunkelviolett überlaufen. Sporn zylindrisch, am Ende stumpf, abwärts gebogen, etwa halb so lang wie der Fruchtknoten. Das ähnliche Purpur-Knabenkraut (*Orchis purpurea*) hat einen dunkel braunroten Helm und wurde im gesamten Landkreis Garmisch-Partenkirchen bisher nur im Pfrühlmoos zwischen Oberau und Eschenlohe nachgewiesen. Ein Nachweis des Purpur-Knabenkrauts im Murnauer Moos steht noch aus.

Blütezeit Mitte Mai bis Anfang Juni.

Habitus und Einzelblüten (rechte Seite) des Helm-Knabenkrauts.

Biotop Halbtrockenrasen, kalkhaltige Bachufer und Streuwiesen im Überschwemmungsbereich der Bäche und der Loisach.

Verbreitung Große Teile Mittel- und Südeuropas. Selten im Mittelmeerraum. Im Murnauer Moos nicht selten entlang von trockenen Ufern von Bächen und Gräben und auf Dämmen sowie in manchen Streuwiesen (z. B. nahe der Loisach bei Hechendorf oder am Lindenbach im nördlichen Murnauer Moos).

Weiße Waldhyazinthe

Platanthera bifolia (L.) L. C. M. Richard

Basionym *Orchis bifolia* L., Sp. Pl. 2: 939 (1753)

Synonym *Platanthera bifolia* (L.) L. C. M. Richard,
De Orchid. Eur.: 35 (1817)

GB: Lesser butterfly-orchid
IT: Platantera comune
FR: Platanthère à deux feuilles
CZ: Vemeník dvoulistý
NL: Welriekende nachtorchis

Beschreibung Stattliche, mittelgroße, zierliche, niedrigwüchsige Pflanze, 20 bis 30 cm hoch. Stängel ziemlich kräftig. Laubblätter ungefleckt, leicht glänzend. Blütenstand zylindrisch, ausladend, meist dicht- und reichblütig mit zehn bis 30 Blüten, in Seitenansicht ohne Lücken zwischen den Blüten. Tragblätter lanzettlich bis schmal-lanzettlich, lang zugespitzt, krautig, dunkelgrün, schräg aufwärts gebogen; die unteren länger als der Fruchtknoten, nach oben kürzer werdend. Blüten klein bis mittelgroß, cremefarben bis grünlich weiß , selten hellgelb. Perigonblätter weißlich bis cremefarben, selten grünlich weiß . Lippe zungenförmig, ungeteilt, abwärts gerichtet (herabhängend), zur Spitze hin allmählich schmaler werdend, stumpf, weißlich bis cremefarben, an der Spitze hellgelb bis gelblich grün. Staubbeutelfächer parallel verlaufend. Sporn fadenförmig, sehr dünn und lang, waagerecht bis abwärts gerichtet, die Spitze abwärts gebogen, am Ende zugespitzt, nektarhaltig, viel länger als der Fruchtknoten.

Blütezeit Mitte Mai bis Anfang Juli.

Biotop Magerwiesen, Borstgrasrasen, Streuwiesen.

Verbreitung Fast ganz Europa mit Ausnahme des Mittelmeerraums. Im Murnauer Moos besiedelt sie nicht zu nasse, leicht bodensaure Streuwiesen. Häufig ist sie am Heumoosberg und in extensiv genutzten Borstgrasrasen bei Schwaigen.

Habitus und Einzelblüten (rechte Seite) der Weißen Waldhyazinthe (Pfeil: Man beachte die parallelen Staubbeutelfächer).

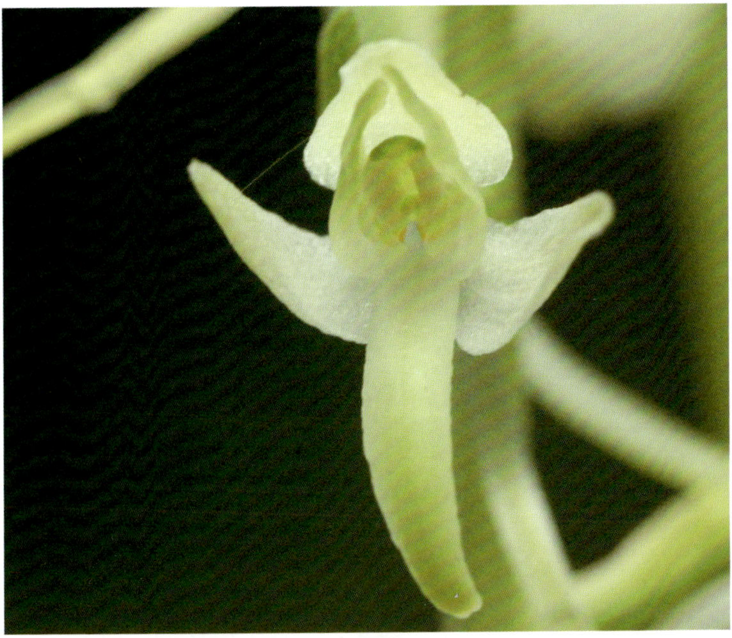

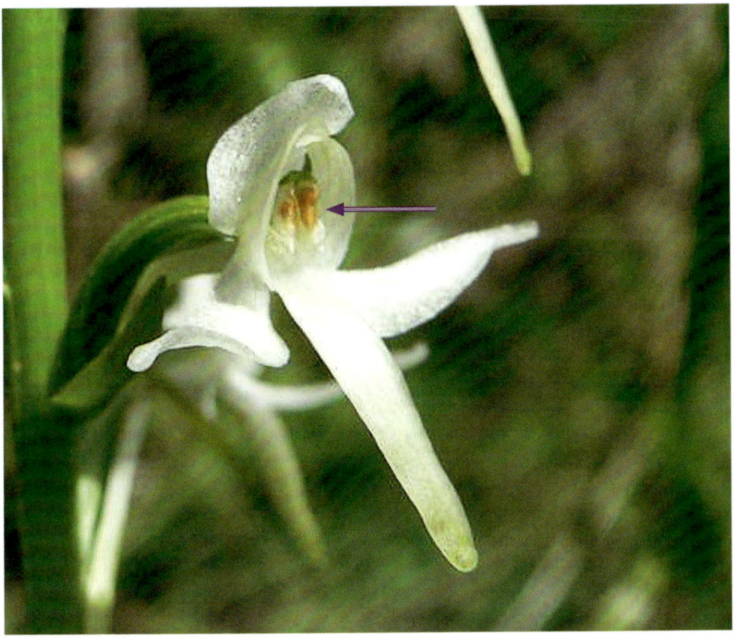

Grünliche Waldhyazinthe

Platanthera chlorantha (Custer) Custer ex
Reichenbach fil.

Basionym *Orchis chlorantha* Custer in Steinmüller,
Neue Alpina 2: 400 (1827), nom. nov. for *Orchis virescens*
Zollikofer ex. Gaudin Fl. Helv. 5: 497 (1829)

Synonym *Platanthera chlorantha* (Custer) Custer ex Reichenbach
fil. in J. C. Mössler & Reichenbach fil., Handb. Gewächsk.
ed. 2, 2 (2): 1565, Nr. 2 (1829)

GB: Greater butterfly-orchid
IT: Platantera verdastra
FR: Platanthère à fleurs vertes
CZ: Vemeník zelenavý
NL: Bergnachtorchis

Beschreibung Stattliche, mittelgroße bis große Pflanze, 20 bis 50 cm hoch. Stängel kräftig, aufrecht. Laubblätter groß, ungefleckt, leicht glänzend. Blütenstand zylindrisch bis gestreckt, breit ausladend, ziemlich locker- und reichblütig mit etwa 30 Blüten besetzt. Tragblätter breit-lanzettlich bis lanzettlich, lang zugespitzt, krautig, dunkelgrün, schräg bis steil aufwärts ge-

bogen; die unteren etwas länger als der Fruchtknoten, nach oben kürzer werdend. Blüten mittelgroß bis groß, relativ weit vom Stängel abstehend, grünlich weiß, schwach duftend. Perigonblätter grünlich weiß, die Spitzen hellgrün. Lippe zungenförmig, ungeteilt, abwärts gerichtet, zur Spitze hin allmählich schmaler werdend und leicht rückwärts gebogen, stumpf, grünlich weiß, die untere Hälfte hellgelb bis gelblich grün. Staubbeutelfächer trapezförmig auseinanderspreizend. Sporn fadenförmig, sehr dünn und lang, waagrecht bis leicht aufwärts gerichtet, am Ende zugespitzt, nektarhaltig, viel länger als der Fruchtknoten.

Blütezeit Mitte Mai bis Anfang

Habitus und Einzelblüte (rechte Seite) der Grünlichen Waldhyazinthe (Pfeil: Man beachte die nach unten geöffneten Staubbeutelfächer).

Juli.

Biotop Buchen-, Misch- und Kiefernwälder, Gebüschränder, Waldlichtungen, trockene und feuchte Extensivwiesen.

Verbreitung Große Teile Europas. In Bayern weit verbreitet, im Murnauer Moos ist sie deutlich seltener als ihre Schwesterart.

Sommer-Drehwurz

Spiranthes aestivalis (POIRET) L. C. M. RICHARD

Basionym *Ophrys aestivalis* POIRET in J. B. DE LAMARCK,
Encycl. 4 (2): 567, nr. 4 (1798)

Synonym *Spiranthes aestivalis* (POIRET) L. C. M. RICHARD,
De Orchid. Eur.: 36 (1817). –
Mém. Mus. Hist. Nat. 4: 58 (1818)

GB: Summer lady's-tresses
IT: Viticcini estivi
FR: Spiranthe d'été
CZ: Švihlík letní
NL: Zomerschroeforchis

Beschreibung Zierliche, schlanke, mittelgroße bis hochwüchsige Pflanze, 10 bis 30 cm hoch. Stängel aufrecht, oberwärts stark drüsig behaart. Laubblätter ungefleckt, lanzettlich bis länglich-lanzettlich, rinnig gefaltet. Blütenstand locker, sehr lang und überwiegend reichblütig mit fünf bis 25 Blüten, etwa die Hälfte der gesamten Pflanze einnehmend, schräg nach oben gerichtet. Tragblätter schmal-lanzettlich bis eiförmig-lanzettlich, lang zugespitzt, schräg aufwärts gerichtet und dem Blütenstand anliegend, außen stark drüsig behaart, etwas länger als der Fruchtknoten. Blüten klein, weiß, korkenzieherartig am Stängel gedreht, schmal röhrig divergierend ausgebildet, nach Hyazinthen duftend. Perigonblätter weiß, außen stark behaart. Sepalen lang zugespitzt, das mittlere mit den beiden Petalen röhrig zusammenneigend. Lippe weiß, ungeteilt, länglich eiförmig, unregelmäßig gekerbt, an der Basis und in der Mitte hellgrün überlaufen, an den Rändern gewellt, am apikalen Teil stark nach unten gebogen, die Seitenränder oft leicht aufgebogen. Sporn fehlt.

Blütezeit Zweite Julihälfte bis Mitte August.

Biotop Hangquell- und Kalkflachmoore.

Verbreitung Südwesteuropa und im Mittelmeerraum. Das Kernvorkommen der sehr seltenen Art in Deutschland liegt im Bereich zwischen Staffel-, Starnberger- und Kochelsee. Sie kam historisch im Murnauer Moos vor und wurde zuletzt von Dr. E. SIEGEL vor 1934 im zentralen Murnauer Moos nahe des Schmatzerköchels angegeben. Keine Funde seitdem.

Habitus und Blütenstand (rechte Seite) der Sommer-Drehwurz.

Herbst-Drehwurz

Spiranthes spiralis (L.) Chevallier

Basionym *Ophrys spiralis* L., Sp. Pl. 2: 945 (1753)

Synonym *Spiranthes spiralis* (L.) Chevallier,
Fl. Gén. Env. Paris ed. 1, 2 (1): 330 (1827)

GB: Autumn lady's-tresses
IT: Viticcino autunnale
FR: Spiranthe d'automne
CZ: Švihlík krutiklas
NL: Herfstschroeforchis

Beschreibung Schlanke, mittelgroße bis hochwüchsige Pflanze, 10 bis 25 cm hoch. Stängel oberwärts stark drüsig behaart. Laubblätter bläulich grün bis dunkelgrün, ungefleckt, Blütenstand locker, sehr langgestreckt und besonders reichblütig mit zehn bis 50 Blüten, etwa die Hälfte bis ein Drittel der gesamten Pflanze einnehmend, dicht weißfilzig behaart. Blüten sehr klein, weiß bis grünlich weiß, spiralig am Stängel gedreht, waagrecht abstehend bis schräg nach unten gerichtet, schmal röhrig divergierend ausgebildet, fein nach Vanille duftend. Perigonblätter weiß, außen stark drüsig behaart. Sepalen länglich-lanzettlich bis eiförmig-lanzettlich, auf der Außenseite stark behaart. Lippe

weißlich bis grünlich weiß, im Zentrum gelblich grün, verkehrt eiförmig, innen (hell)grün, an den Rändern unregelmäßig gekerbt und wellig, am apikalen Teil stark nach unten gebogen. Sporn fehlt.

Blütezeit September bis Oktober.

Biotop Extrem nährstoffarme, schwachwüchsige, nicht zu kalkhaltige Magerrasen und Extensivweiden.

Verbreitung Mit Ausnahme des Nordens fast in ganz Europa verbreitet. Im Murnauer Moos keine aktuellen Nachweise. Erster und letzter Nachweis 1866 am Heumoosberg (Feldnotizen von A. Einsele). Nahegelegene Vorkommen liegen auf dem Molasserücken zwischen Bad Kohlgrub und Murnau, bei Spatzenhausen und im Kankertal zwischen Partenkirchen und Klais.

Habitus und Blütenstand (rechte Seite) der Herbst-Drehwurz.

Kugel-Knabenkraut

Traunsteinera globosa (L.) REICHENBACH pat.

Basionym *Orchis globosa* L., Syst. Nat. ed. 10, 2: 1242, Nr. 5 (1759)

Synonym *Traunsteinera globosa* (L.) REICHENBACH pat.,
Fl. Saxon. ed. 1: 87, Nr. 398 (1842)

GB: Globe orchid
IT: Orchide dei pascoli
FR: Orchis globuleux
CZ: Hlavinka horská
NL: Kogelorchis

Beschreibung Schlanke, meist sehr hochwüchsige Pflanze, 30 bis 70 cm hoch. Stängel aufrecht, kahl, am Grund mit einigen Schuppenblättern. Laubblätter schmal-lanzettlich, bläulich grün, stängelumfassend, lang zugespitzt, rinnig gefaltet, ungefleckt. Blütenstand anfangs pyramidenförmig, später kugelig, sehr dicht- und vielblütig mit 30 bis 80 Blüten. Blüten klein, hellrosa bis violettrosa gefärbt, selten weiß, schräg von der Blütenstandsachse abstehend. Lippe flach ausgebreitet, breit und tief dreilappig, die beiden Seitenlappen kürzer als der Mittellappen, an den Rändern meist gezähnelt, hellrosa bis violettrosa mit ausgeprägten dunkelroten bis dunkelpurpurnen Punkten oder mit kleinen Flecken besetzt. Mittellappen lanzettlich, länger als die beiden Seitenlappen, an der Spitze fadenförmig verlängert. Sporn dünn, zylindrisch, leicht abwärts gebogen, am Ende stumpf, etwa ein Drittel bis halb so lang wie der Fruchtknoten.

Blütezeit Mitte Juni.

Biotop Berg- und Heuwiesen, Gras- und Staudenfluren, Magerrasen, Mähwiesen sowie Fels- und Geröllfluren. Im Murnauer Moos (und im Alpenvorland) auch in Streuwiesen.

Verbreitung Mittel- und Hochgebirge West- und Mitteleuropas. Im Murnauer Moos selten (z. B. am Moosrundweg im nördlichen Murnauer Moos).

Habitus und Blütenstand in Vollblüte (rechte Seite).

Orchideen erleben längs der Wege durchs Moos

Moosrundweg

Start/Ziel Biologische Station Murnauer Moos (47,66579°N, 11,190709°O, Ramsachstraße 15, 82418 Murnau am Staffelsee), Bahnhof Grafenaschau (Westried; 47,667035°N, 11,137266°O).

Weglänge Ca. 7,5 km bis zum Bahnhof Grafenaschau, 13 km für die komplette Runde zurück zum Wanderparkplatz.

Beste Zeit Ende Mai/Anfang Juni.

Anforderungen Mittellange, meist flache Wanderung auf Feld- und Forstwegen. Durch das Hochmoor Langer Filz führt ein Bohlenweg. Mit Kinderwagen oder Fahrrad kann er örtlich umfahren werden.

Einkehrmöglichkeit Gasthaus mit Biergarten wenige Meter vom Wanderparkplatz entfernt, diverse in Murnau.

Wegverlauf Ein sehr abwechslungsreicher Wanderweg führt vom Wanderparkplatz an der Biologischen Station Murnauer Moos direkt durch das Moos und durch verschiedenste Orchideenlebensräume. Der Weg folgt zunächst den Bächen Ramsach und Lindenbach und streift orchideenreiche Streuwiesen. Vor allem die Zeit der Blüte der Knabenkräuter um den Monatswechsel Mai/Juni ist lohnenswert. Das Breitblättrige Knabenkraut ist noch

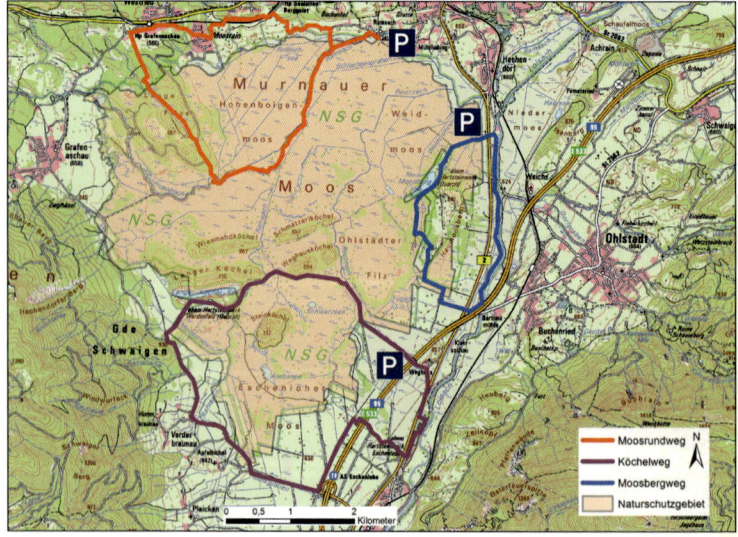

Übersicht über die vorgeschlagenen Orchideenexkursionen im Murnauer Moos auf öffentlichen Wegen. Geobasisdaten: Bayerische Vermessungsverwaltung Nr. 2103-4038

Blick vom Moosrundweg in Richtung Wettersteingebirge.

nicht verblüht, während das Fleischfarbene und ihre gelbe Schwesterart, das Strohgelbe Knabenkraut, in voller Blüte stehen. An mehreren Stellen kann man vom Weg aus sogar das seltene Traunsteiners Knabenkraut entdecken. Nach gut 4 km biegt man rechts ab, schreitet einen Hang hinauf (Moräne der letzten Eiszeit) und folgt den Wanderwegschildern „Moosrundweg". Nach einem guten Kilometer Fichtenforst trifft man auf einen Bohlenweg durch ein wiedervernässtes Hochmoor, den Langen Filz. Längs des Bohlenwegs fallen typische Hochmoorbewohner, wie der Rundblättrige (*Drosera rotundifolia*)

Rundblättriger Sonnentau mit Beute.

Blumenbinse.

106

und Mittlere Sonnentau (*Drosera intermedia*) oder auch die seltene Blumenbinse (*Scheuchzeria palustris*), auf. Mitte Juni trifft man auch auf Fuchs' Knabenkraut und Sumpf-Ständelwurz. In den Waldbereichen und den Übergängen zum Offenland blühen dann auch Waldhyazinthen und das Große Zweiblatt. Von Westried aus kann man bequem mit dem Zug zurück nach Murnau fahren oder den ausgeschilderten Wanderweg zurück zum Ähndl und zum Wanderparkplatz folgen. In den Wäldern des Molasserückens, der das Murnauer Moos im Norden begrenzt, kommen die Violette Ständelwurz und das Weiße Waldvögelein in geringer Zahl vor.

Blütenalbino des Fuchs' Knabenkraut am Moosrundweg nahe des Langen Filzes.

Trollblumenwiese am Moosrundweg im Juni.

Orchideenreiche Streuwiesenlandschaft bei Weghaus.

Köchelweg

Start/Ziel Wanderparkplatz Weghaus (47,622712°N, 11,191668°O).

Weglänge Ca. 13 km.

Beste Zeit Monatswechsel Mai/Juni.

Anforderungen Feldwege und wenig befahrene Asphaltstraßen. Kurze Schiebestrecken.

Einkehrmöglichkeit Keine direkt am Weg. Nächstgelegene Einkehrmöglichkeiten gibt es in Eschenlohe und Grafenaschau.

Wegverlauf Der Köchelweg bietet sich vor allem für eine Radtour an. Startpunkt ist der neue Wanderparkplatz westlich der Autobahn bei Weghaus (ca. 2 km nördlich von Eschenlohe). Man folgt nun immer der größtenteils asphaltierten ehemaligen Straße des Hartsteinwerks am Langen Köchel. Kaum vorstellbar ist, dass in diesem Naturparadies bis ins Jahr 2000 Schwertransporte mit Gesteinsmaterial erfolgten. Der Weg führt zunächst durch ein wichtiges Wiesenbrütergebiet mit extensiv genutzten Mähwiesen, die mit zunehmender Vernässung in Streuwiesen übergehen und die reich an Knabenkräutern und Mehlprimeln sind. Als erstes zeigen sich die Kleinen Knabenkräuter, bevor das Breitblättrige, Fleischfarbene und Strohgelbe Knabenkraut blühen. Der Weg führt weiterhin am Schwarzseefilz entlang, einem gut ausgebildeten Hochmoor, das man vom Hauptweg aus sehen kann. Am Wegesrand ist das Fuchs' Knabenkraut häufig. In Pfützen des nicht asphaltierten Weges leben Gelbbauchunken. Anschließend folgt der Weg dem Südhang des Langen Köchels, wo sich im Mai ein Meer aus Bärlauchblüten (*Allium ursinum*) ausbreitet. Bereits Ende April kann man am „Köchelsteig" zwischen der ehemaligen Kantine des Hartsteinwerks (Abstecher rechts bergauf wenige Meter nach der Brücke über die Ramsach) und dem östlichen Ende des Langen Köchelsees das Stattliche Knabenkraut finden. Die letzten 500 m der Strecke führen durch Heuwiesen, bevor man wieder auf die Straße zwischen Grafenaschau und Eschenlohe trifft. Für diejenigen, die noch weiter radeln wollen, lohnt sich der Blick auf den Straßenrandstreifen der Straße in Richtung Eschenlohe. Auf der Höhe von Apfelbichl wächst die seltene Honigorchis direkt auf dem Randstreifen. Dort sind auch die Weiße Waldhyazinthe und die Mücken-Händelwurz häufig, wo sie in einer prächtigen Arnika-Wiese (*Arnica montana*) stehen (auch Arnika ist eine geschützte Art!).

Mehlprimeln sind ein Blickfang auf den Flächen bei Weghaus im Frühjahr.

Kleines Knabenkraut am Heumoosberg mit dem Ammergebirge im Hintergrund.

Moosbergweg

Start/Ziel Wanderparkplatz am Weidmoos (47,652457°N, 11,208229°O) direkt an der B2 zwischen Ohlstadt und Murnau.

Weglänge Ca. 7 km.

Beste Zeit Monatswechsel Mai/Juni.

Anforderungen Mittellange Runde, großteils auf trockenen Schotterwegen, ein kleines Stück ist oft matschig.

Einkehrmöglichkeit Keine direkt am Weg. Nächstgelegene Einkehrmöglichkeiten gibt es in Eschenlohe und Ohlstadt.

Wegverlauf Der Moosbergweg startet am Wanderparkplatz zwischen Ohlstadt und Murnau westlich der Bundesstraße B2 am Weidmoos. Der Weg führt durch artenreiche Streuwiesen mit verschiedenen Knabenkräutern, darunter sind das Fleischfarbene, das Strohgelbe und Fuchs' Knabenkraut, in den Bereich des ehemaligen Hartsteinwerks am Moosberg. Der Moosberg ist komplett abgebaut worden und in einen Steinbruchrestsee verwandelt worden. Das ehemalige Betriebsgelände besteht teilweise aus mageren Brachflächen, die Arten der Halbtrockenrasen enthalten. Sowohl Bienen- als auch Fliegen-Ragwurz wurden hier schon entdeckt. Nach einer kurzen Querung eines Waldes führt der Weg an den Bachwiesen vorbei, in denen die verschiedenen Übergänge zwischen Breitblättrigem, Fleischfarbigem und Traunsteiner Knabenkraut studiert werden können. Nun folgt ein Wegstück durch einen dunklen, monotonen und arten-

Das Kleine Knabenkraut ist in allen Farbnuancen entlang des Weges erlebbar.

armen Fichtenforst. Gerade hier finden sich jedoch Vorkommen der Vogel-Nestwurz, die mithilfe ihrer Pilzpartner in der „Dunkelheit" überleben kann. Im Anschluss an den Fichtenforst öffnet sich die Landschaft wieder und der Blick fällt auf artenreiche Streuwiesen westlich des Wegs und Halbtrockenrasen östlich des Wegs. Die Halbtrockenrasen am Heumoosberg sind die am besten erhaltenen im gesamten Murnauer Moos. Hier blüht im Frühjahr Stengelloser Enzian (*Gentiana clusii*) und Frühlings-Enzian (*Gentiana verna*). Etwas später kommt ein großer Bestand des Kleinen Knabenkrauts zur Blüte, das hier in allen Farbvariationen von weiß über rosa bis dunkelpurpurn vorkommt. Ab Mitte Juni ist die Weiße Waldhyazinthe gemeinsam mit Mücken-Händelwurz und Blutroter Sommerwurz (*Orobanche gracilis*) sogar dominierend. Den Rückweg zum Parkplatz findet man, indem man dem westlichen Ufer der Loisach bis zur Höhe des Startpunktes folgt.

Der Moosbergweg führt durch eine intakte Kulturlandschaft. Die traditionelle Bewirtschaftung ist die Grundlage für die großen Orchideenvorkommen im Murnauer Moos.

Mögliche neue Arten

So wie Arten lokal verschwinden, können auch jederzeit neue Arten im Murnauer Moos auftauchen, wenn die Standortbedingungen günstig sind. Es gibt eine kleine Auswahl an Orchideenarten, die im Landkreis Garmisch-Partenkirchen vorkommen und theoretisch auch im Murnauer Moos wachsen könnten:

Widerbart (*Epipogium aphyllum*)

Kurzblättrige Ständelwurz (*Epipactis distans*)

Schmallippige Ständelwurz (*Epipactis leptochila*)

Kleinblättrige Ständelwurz (*Epipactis microphylla*)

Kriechendes Netzblatt (*Goodyera repens*)

Purpur-Knabenkraut (*Orchis purpurea*)

Weiterführende Literatur

ARBEITSKREIS HEIMISCHE ORCHIDEEN BAYERN E.V. (Hrsg.) (2014): Die Orchideen Bayerns – Verbreitung, Gefährdung, Schutz. ISBN 9783877079294.

BAYERISCHES STAATSMINISTERIUM FÜR UMWELT, GESUNDHEIT UND VERBRAUCHERSCHUTZ (2005): Rote Liste der gefährdeten Tiere und Gefäßpflanzen Bayerns. Kurzfassung. 183 S. Online [02.03.2021]: https://www.lfu.bayern.de/natur/rote_liste_pflanzen/index.htm

BAUMANN, H., S. KÜNKELE & R. LORENZ (2006): Orchideen Europas mit angrenzenden Gebieten. Verlag Eugen Ulmer, Stuttgart. ISBN 9783800141623.

DARWIN, C. R. (1877): On the various contrivances by which British and foreign orchids are fertilised by insects, and the good effects of intercrossing. Langford Press. ISBN 9781904078456.

KREUTZ, C. A. J. (2021): Orchideen des Benelux. Feldführer. 256S. Kreutz Publishers. ISBN 9789083141107.

LIEBEL H. T. & H.-J. FÜNFSTÜCK (2019): Die Vogelwelt im Murnauer Moos. Entwicklung, Bestände und Beobachtungen in einem einzigartigen Naturraum. Aula-Verlag, Wiebelsheim, 320 S. ISBN 9783891048238.

MERCKX S. F. T. (ed., 2013): Mycoheterotrophy: The biology of plants living on fungi. Springer. ISBN 9781461452089.

NETZWERK PHYTODIVERSITÄT DEUTSCHLANDS e. V., BUNDESAMT FÜR NATURSCHUTZ (2013): Verbreitungsatlas der Farn- und Blütenpflanzen Deutschlands. Landwirtschaftsverlag Münster. ISBN 9783784353197.

STROHWASSER, P. (2018): Das Murnauer Moos. 2000 Jahre Nutzungsgeschichte und 100 Jahre Naturschutz im größten lebenden Moor des Alpenraumes. Allitera-Verlag, München, 396 S. ISBN 9783962330668.

VOLLMAR, F. (1938): Das Murnauer Moos als Naturschutzgebiet. Unveröff. Manuskript der Landesstelle für Naturschutz, Eschenlohe.

VOLLMAR, F. (1941): Die Pflanzenwelt des Murnauer Mooses. In: DINGLER, M.: Das Murnauer Moos. Eine kurzgefasste Darstellung. Buchdruckerei und Verlagsanstalt Carl Gerber, München.

WAGNER, A., I. WAGNER & B. GEORGII (2000): Pflege- und Entwicklungsplan Murnauer Moos, Moore westlich des Staffelsees und Umgebung. Unveröff. Gutachten im Auftrag des Landkreises Garmisch-Partenkirchen.

Homepage der Biologischen Station Murnauer Moos: www.murnauermoos.de

Artenregister

🇩🇪 Deutsche Namen

Wissenschaftliche Namen

🇬🇧 Englische Namen

🇮🇹 Italienische Namen

🇫🇷 Französische Namen

Tschechische Namen

Bradáček srdčitý 74
Bradáček vejčitý 76
Hlavinka horská 102
Hlístník hnízdák 80
Hlízovec Loeselův 72
Korálice trojklanná 36
Kruštík bahenní 58
Kruštík modrofialový 60
Kruštík širolistý 56
Kruštík tmavočervený 54
Měkčilka jednolistá 78
Měkkyně bažinná 66
Okrotice bílá 28
Okrotice červená 32
Okrotice dlouholistá 30
Pětiprstka vonná 64
Pětiprstka žežulník 62
Prstnatec bledožlutý 48
Prstnatec Fuchsův 40
„Prstnatec laponský" 50

Prstnatec májový 46
Prstnatec plamatý 44
Prstnatec pleťový 42
Prstnatec Traunsteinerův 52
Střevíčník pantoflíček 38
Švihlík krutiklas 100
Švihlík letní 98
Tořič čmelákovitý 86
Toříček jednohlízný 68
Tořič hmyzonosný 88
Tořič včelonosný 84
Vemeníček zelený 34
Vemeník dvoulistý 94
Vemeník zelenavý 96
Vstavač kukačka 70
Vstavač mužský znamenaný 90
Vstavač osmahlý 82
Vstavač štěničný 26
Vstavač vojenský 92

Niederländische Namen

Aangebrande orchis 82
Bergnachtorchis 96
Bijenorchis 84
Bleek bosvogeltje 28
Bosorchis 40
Brede orchis 46
Brede wespenorchis 56
Bruinrode wespenorchis 54
Eenblad 78
Geelwitte orchis 48
Gevlekte orchis 44
Groene nachtorchis 34
Groenknolorchis 72
Grote keverorchis 76
Grote muggenorchis 62
Harlekijn 70
Herfstschroeforchis 100
Hommelorchis 86
Honingorchis 68
Kleine keverorchis 74

Kogelorchis 102
Koraalwortel 36
Mannetjesorchis 90
Moeraswespenorchis 58
Paarse wespenorchis 60
Rätische orchis 50
Rood bosvogeltje 32
Smalbladige orchis 52
Soldaatje 92
Veenmosorchis 66
Vleeskleurige orchis 42
Vliegenorchis 88
Vogelnestje 80
Vrouwenschoentje 38
Wantsenorchis 26
Welriekende muggenorchis 64
Welriekende nachtorchis 94
Wit bosvogeltje 30
Zomerschroeforchis 98

Dank

Zuallererst möchten wir einen besonderen Dank für die großzügige, finanzielle Unterstützung durch die Ruth-Rosner-Stiftung, München, aussprechen. Außerdem bedanken wir uns recht herzlich bei Wolfgang Plecher, München, für die Zurverfügungstellung der Aquarelle, bei Richard Brummer, Uffing, für die ehrenamtliche Erstellung der Piktogramme und bei Hermann Liebel für das ehrenamtliche Lektorat. Sehr hilfreich war auch die Unterstützung durch die untere Naturschutzbehörde am Landratsamt Garmisch-Partenkirchen, insbesondere durch Peter Strohwasser sowie Kolleginnen und Kollegen. Herzlichen Dank an Daniela Feige für wertvolle Kommentare zum Manuskript.

Bildnachweis

Braun, F. 24 l, 24 r, 65, 74, 92, 96, 102

Faas, B. 27 o

Fünfstück, H.-J. 57, 93

Kreutz, K. 35 o, 37, 44, 52, 53, 60, 61, 66, 67, 69, 73, 77, 79, 85 ur, 103, 111 ml, 111 mr

Kriner, E. 17 u

Landratsamt Garmisch-Partenkirchen 18 u

Liebel, H. 6, 8, 13 o, 13 u, 14 o, 14 u, 16 o, 16 u, 17 o, 18 o, 25 u, 26, 27, 28, 29 o, 29 u, 30 l, 30 r, 31 o, 31 l, 31 r, 32, 33, 34, 35 u, 36, 38, 39, 40, 41, 42, 43 o, 43 u, 45, 46, 47 o, 47 u, 48, 49 o, 49 u, 50, 51 o, 51 u, 54, 55, 56, 58, 59, 62, 63 o, 63 u, 64, 68, 70, 71, 72, 75, 76, 77 u, 78, 80, 81 o, 81 u, 82, 83, 84, 85 o, 85 ul, 85 um, 86, 88, 89, 90, 91, 94, 95 o, 95 u, 97, 98, 99, 100, 101, 105 o, 105 ul, 105 ur, 106 o, 106 u, 107, 108, 109, 110 ol, 110 or, 110 u, 111 ol, 111 or, 111 ul, 117

Plecher, W. 10, 11 m, 11 u, 12

Wimmer, B. 87, 111 ur

Orchideen im Murnauer Moos

Wanzen-Knabenkraut S. 26

Weiße Waldhyazinthe S. 28

Schwertblättrige Waldhyazinthe S. 30

Rotes Waldvögelein S. 32

Grüne Hohlzunge S. 34

Korallenwurz S. 36

Gelber Frauenschuh S. 38

Fuchs' Knabenkraut S. 40

Fleischfarbenes Knabenkraut S. 42

Geflecktes Knabenkraut S. 44

Breitblättriges Knabenkraut S. 46

Strohgelbes Knabenkraut S. 48

Rätisches Knabenkraut S. 50

Traunsteiners Knabenkraut S. 52

Braunrote Ständelwurz S. 54

Breitblättrige Ständelwurz S. 56

Sumpf-Ständelwurz S. 58

Violette Ständelwurz S. 60

Mücken-Händelwurz S. 62

Die Autoren

Heiko T. Liebel ließ sich bereits als Jugendlicher von den Orchideen seiner Heimat, der Fränkischen Schweiz, begeistern. Sein Geoökologiestudium schloss er mit einer Diplomarbeit an der Universität Bayreuth zur Orchideenmykorrhiza heimischer, mediterraner und makaronesischer Orchideen ab. Nebenberuflich promovierte er 2016 zum Thema „Nährstofffluss zwischen Pilzpartnern und heimischen Orchideenarten in Abhängigkeit des Lichtangebots". Mehrere seiner wissenschaftlichen Artikel wurden in internationalen Zeitschriften veröffentlicht. Liebel baute ab 2016 die Biologische Station Murnauer Moos auf und leitete sie bis 2021. Liebel ist langjähriges Mitglied im Arbeitskreis Heimische Orchideen in Bayern. Er gilt als Gebietskenner im Murnauer Moos.

Karel (C. A. J.) Kreutz ist von Kindesbeinen auf fasziniert von der Erforschung der Orchideen Europas. Als Autor zahlreicher Bücher und von mehr als 200 (populär-)wissenschaftlichen Artikeln gilt er als einer der angesehensten Orchideenforscher Europas. Zuletzt lag sein Schwerpunkt in der systematischen Einordnung und dem Schutz der heimischen Orchideen- und Sommerwurzarten. Derzeit arbeitet er an einem umfassenden Kompendium aller Orchideentaxa Europas, Nordafrikas und des Mittleren Ostens, das 2021 veröffentlicht werden soll. Kreutz forscht am Naturalis Biodiversity Center in Leiden (Niederlande).